Ben Stacy Jerrik (Hrsg.)

Arcachon

Ben Stacy Jerrik (Hrsg.)

Arcachon

Département Gironde, Aquitanien, Unterpräfektur, Atlantischer Ozean

Part Press

Publisher:
Part Press is a trademark of
International Book Market Service Ltd., 17 Rue Meldrum, Beau Bassin, 1713-01 Mauritius
Email: info@bookmarketservice.com
Website: www.bookmarketservice.com

Published in 2012

Printed in: U.S.A., U.K., Germany. This book was not produced in Mauritius.

ISBN: 978-613-9-24396-9

Contents

Articles

References

Arcachon

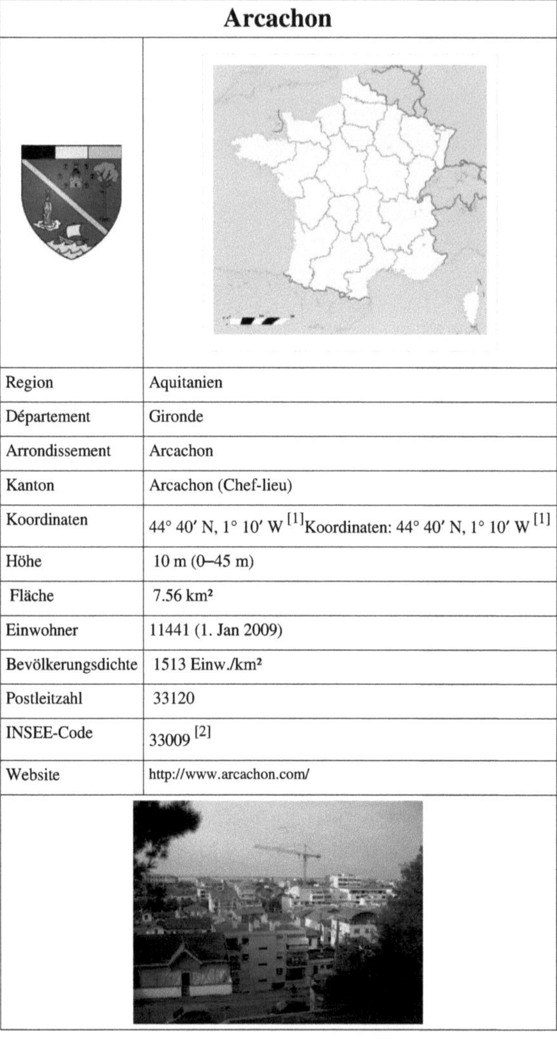

Arcachon	
Region	Aquitanien
Départemente	Gironde
Arrondissement	Arcachon
Kanton	Arcachon (Chef-lieu)
Koordinaten	44° 40′ N, 1° 10′ W [1]Koordinaten: 44° 40′ N, 1° 10′ W [1]
Höhe	10 m (0–45 m)
Fläche	7.56 km²
Einwohner	11441 (1. Jan 2009)
Bevölkerungsdichte	1513 Einw./km²
Postleitzahl	33120
INSEE-Code	33009 [2]
Website	http://www.arcachon.com/

Arcachon (okzitan.: *Arcaishon*) ist eine französische Gemeinde mit Einwohnern (Stand 1. Januar 2009) im Département Gironde in der Region Aquitanien. Sie ist die Unterpräfektur des gleichnamigen Arrondissement und Hauptort des gleichlautenden Kantons.

Satellitenfoto von Arcachon

Geografie

Der Badeort am Atlantik liegt im Regionalen Naturpark Landes de Gascogne am südlichen Ufer des Bassin d'Arcachon etwa 70 km west-südwestlich von Bordeaux.

Südlich der Villenvororte *Pilat-Plage* und *Pyla* an der Beckenausfahrt am Atlantik befindet sich die höchste Düne Europas, die Dune du Pilat mit ca. 117 m Höhe, einer Länge von ca. drei Kilometer und einer Fußbreite von ca. 600 m.

Geschichte

Arcachon war lange Zeit nur ein bedeutungsloses Fischerdorf. Die Entwicklung zum Luxusbadeort fand im 19. Jahrhundert statt. Bedeutenden Anteil daran hatten die aus Bordeaux stammenden Brüder Émile Péreire und Isaac Péreire, die als Großinvestoren auftraten. Das 1853 errichtete Strandcasino, nach seinem Erbauer auch Château Deganne genannt, sowie das 1977 nach langem Niedergang abgebrannte maurische Casino waren Wahrzeichen dieser Blütezeit

Das maurische Casino um 1900

Wirtschaft

Die Stadt und ihr Becken sind bekannt für Austernzucht. Austern und andere Meeresfrüchte sind dann auch prominent auf den Speisekarten der örtlichen Gastronomie vertreten. Viele Restaurants und Bars sind direkt an der Strandpromenade angesiedelt.

Strandpromenade von Arcachon

Straße in Arcachon

Straße in Arcachon

Casino von Arcachon

Söhne und Töchter der Stadt

- Humbert Balsan, Filmproduzent
- Carlos Salzédo, Harfenist und Komponist

Städtepartnerschaften

- Goslar, Niedersachsen, seit 1965
- Aveiro, Portugal

Luftbild von Arcachon

Sehenswürdigkeiten in der Umgebung

- Bassin d'Arcachon
- Düne von Pyla
- Île aux oiseaux
- Vogelkundlicher Park in Le Teich

Weblinks

- Fremdenverkehrsamt Arcachon [3] (französisch, deutsch, englisch, spanisch)
- Arcachon-guide.fr [4] (französisch)
- Zeit online vom 11. Februar 2010: Und jede Menge Personal [5]Vor 150 Jahren entstand die Winterstadt von Arcachon.

References

[1] http://toolserver.org/~geohack/geohack.php?pagename=Arcachon&language=de¶ms=44.6586111111_N_1.16888888889_W_dim:20000_region:FR-33_type:city(11441)&title=Arcachon
[2] http://recensement.insee.fr/searchResults.action?codeZone=33009-COM
[3] http://www.arcachon.com/
[4] http://www.arcachon-guide.fr/
[5] http://www.zeit.de/2010/07/Arcachon

Département_Gironde

Gironde	
Region	Aquitanien
Präfektur	Bordeaux
Unterpräfektur(en)	Arcachon Blaye Langon Lesparre-Médoc Libourne
Einwohner	1434661 (1. Jan 2009)
Bevölkerungsdichte	143 Einw. pro km²
Fläche	10000 km²
Arrondissements	6
Kantone	63
Gemeinden	542
Präsident des Generalrats	Philippe Madrelle
ISO-3166-2-Code	FR-33

Das Département **Gironde** [ʒiˈʀõːd] ist das flächenmäßig zweitgrößte Département Frankreichs (nach Französisch-Guyana) und das 33. in alphabetischer Reihenfolge. Es liegt im Südwesten Frankreichs, in der Region Aquitanien. Es ist benannt nach dem Ästuar Gironde, der im Département durch den Zusammenfluss der Dordogne und der Garonne entsteht.

Geographie

Das Département mit einer Fläche von 10.000 km² liegt im Norden der Region Aquitanien und bildet somit das größte französische Departement. Die West-Ostausdehnung beträgt 120 km und die Nord-Südausdehnung 170 km.

Das Département grenzt im Westen an den Atlantischer Ozean, im Norden an das Mündungsgebiet der Gironde sowie an das Département Charente-Maritime der Region Poitou-Charentes. Innerhalb Aquitaniens im Osten an die Départements Dordogne und Lot-et-Garonne und im Süden an Landes.

Geschichte

Das Département wurde während der Französischen Revolution, am 4. März 1790 aus Teilen der damaligen Provinzen Guyenne und Gascogne gebildet. Es untergliederte sich in sieben Distrikte (frz.: district), die Vorläufer der Arrondissements: Bazas, Blaye, Bordeaux, Cadillac, Lesparre, Libourne und La Reole. Das Département und die Distrikte untergliederten sich in Kantone und zählten 1791 ca. 490.000 [?] Einwohner. Hauptstadt war bereits Bordeaux.

Von Juni 1793 bis 14. April 1795 nannte sich das Département Bec-d'Ambès.

Die Arrondissements wurden am 17. Februar 1800 errichtet. Es waren Bazas, Blaye, Bordeaux, Lesparre, Libourne und La Reole.

Am 10. September 1926 wurde Bazas durch Langon ersetzt und die Arrondissements Lesparre (zu Bordeaux) und La Reole (zu Langon) aufgelöst.

Am 1. Juni 1942 wurde das Arrondissement Lesparre-Médoc erneut errichtet. Ab 1944 unterhielt die Kriegsmarine in Gironde-Nord ein Marinelazarett, das zum Festungslazarett ausgebaut wurde.

Verwaltungsgliederung

Das Département Gironde untergliedert sich seit dem 1. Januar 2007 in sechs Arrondissements.

Arrondissement	Einwohner (2006)	Fläche (km²)	Bev.dichte	Kantone	Gemeinden
Arcachon	128 290	1 494	86	4	17
Blaye	77 274	782	99	5	65
Bordeaux	852 351	1 523	560	25	82
Langon	118 138	2 644	45	15	198
Lesparre-Médoc	76 480	2 274	34	5	51
Libourne	141 225	1 283	110	9	129

Siehe auch:

- Liste der Kantone im Département Gironde
- Liste der Gemeinden im Département Gironde

Städte

Die größten Gemeinden des Départements sind (> 10.000 Einwohner (1999)):

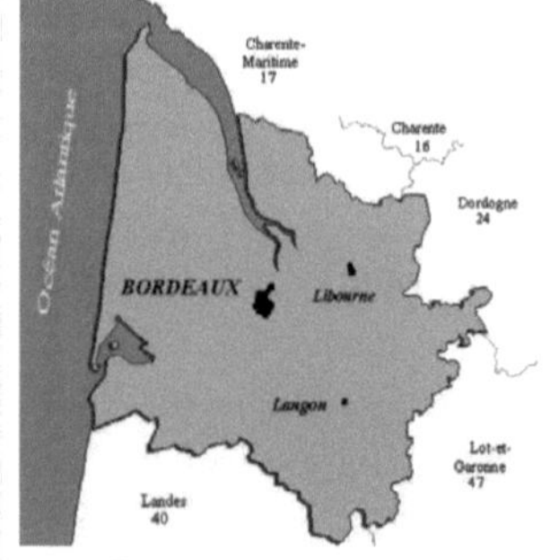

Karte des Départements Gironde

- Bordeaux (215.363)
- Mérignac (61.992)
- Pessac (56.143)
- Talence (37.210)
- Villenave-d'Ornon (27.500)
- Saint-Médard-en-Jalles (25.566)
- La Teste-de-Buch (22.970)
- Bègles (22.475)
- Le Bouscat (22.455)
- Gradignan (22.193)
- Libourne (21.761)
- Lormont (21.343)
- Cenon (21.283)
- Eysines (18.407)
- Cestas (16.927)
- Floirac (16.157)
- Gujan-Mestras (14.958)
- Blanquefort (13.901)

- Arcachon (11.454)
- Ambarès-et-Lagrave (11.206)
- Bruges (10.610)

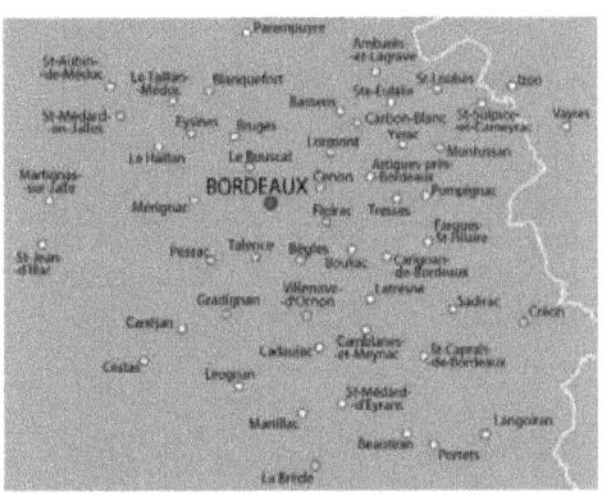

Karte der Umgebung von Bordeaux

Klima

Das Seeklima ist bestimmend für das Département Gironde: milde Winter (zwischen 5–7 °C) und noch ertragbare Sommertemperaturen (19–21 °C) bei über alle Jahreszeiten hin verteiltem (Niesel)Regen, wobei während des Winters die höchste Niederschlagsmenge gemessen wird.

Bordeaux hat eine durchschnittliche jährliche Niederschlagsmenge von 820 mm, Lacanau von 935 mm und Coutras im Landesinnern von 768 mm. Die Niederschlagsmenge ist am höchsten in der von Wald bedeckten Fläche.

Die Winde kommen aus südwestlicher bzw. nordwestlicher Richtung.

Die Sonneneinstrahlung ist besonders entlang der Küste, an der Girondemündung und am Becken von Arcachon intensiv.

Messstation: Cap-Ferret am Bassin d'Arcachon, 700 Meter von Meer entfernt

Küste im Département Gironde

maritime Klimadaten	J	F	M	A	M	J	J	A	S	O	N	D
mittlere Höchsttemperatur	10	11	14	16	19	22	25	25	23	19	14	11
mittlere Tiefsttemperatur	4	5	6	8	11	14	16	16	15	11	7	5
Anzahl sehr sonnige Tage	3	3,5	5	4	4	5	7	6	6	5	3	2,5
Anzahl Tage mit bedecktem Himmel	16	13	12	9	10	7	6	6	8	9	14	17
Anzahl Regentage	13	12	11	9	10	7	7	9	10	10	12	13
Regenmenge in mm	90	75	70	55	65	50	35	60	80	85	90	100
Wassertemperatur in Küstennähe	12	11	12	13	15	18	20	21	20	18	16	13

Tage pro Jahr mit

- Regenfällen über 1 mm: 123
- Frost: 15

  - Erster Frost: Anfang Dezember
  - Letzter Frost: Anfang März
- Schnee: 2
- Gewitter: 18
- Hagel: 3

Stand 1991

Weblinks

- Präfektur des Départements Gironde [1] (französisch)
- Generalrat des Départements Gironde [2] (französisch)

References

[1] http://www.Gironde.pref.gouv.fr/
[2] http://www.cg33.fr/

Aquitanien

Aquitanien

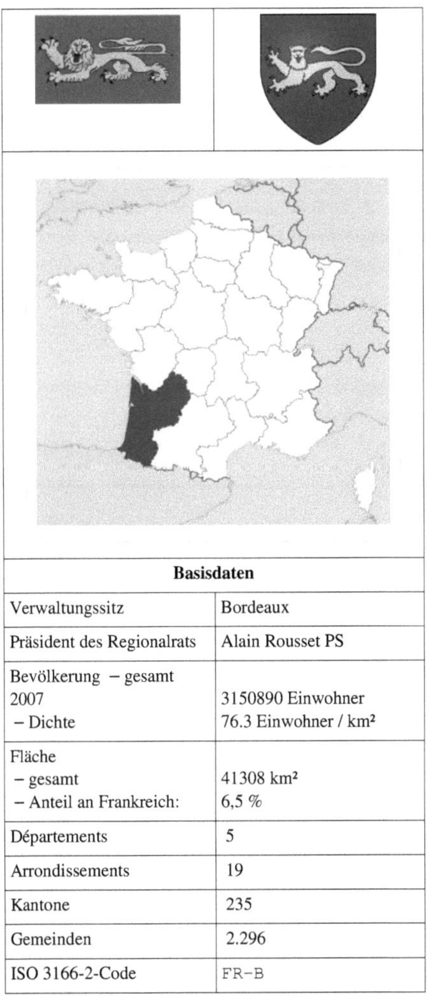

Basisdaten	
Verwaltungssitz	Bordeaux
Präsident des Regionalrats	Alain Rousset PS
Bevölkerung – gesamt 2007 – Dichte	3150890 Einwohner 76.3 Einwohner / km²
Fläche – gesamt – Anteil an Frankreich:	 41308 km² 6,5 %
Départements	5
Arrondissements	19
Kantone	235
Gemeinden	2.296
ISO 3166-2-Code	FR-B

Aquitanien (franz. *Aquitaine* [akiˈtɛn], okzitanisch *Aquitània* [akiˈtanjɒ]) ist eine historische Provinz und heute eine Region im Südwesten Frankreichs, die aus den Départements Dordogne, Gironde, Landes, Lot-et-Garonne und Pyrénées-Atlantiques besteht. Aquitanien wird im Süden von den Pyrenäen und im Westen vom Atlantik begrenzt.

Geographie

Die Region grenzt im Norden an die Region Poitou-Charentes, im Nordosten an die Region Limousin, im Osten an die Region Midi-Pyrénées, im Süden an Spanien und im Westen an dem Atlantischen Ozean. Sie umfasst den größten Teil des aquitanischen Beckens, einer recht flachen und erdgeschichtlich jungen Landschaft; es wird hauptsächlich von Garonne, Adour, Dordogne, Charente und deren Nebenflüssen entwässert, die sehr junge Sedimente angelagert haben. Nur im äußersten Nordosten und Süden finden sich hügelige bzw. gebirgige Gegenden: So liegt am Nordostrand der Region die erste Steilstufe des Zentralmassivs, an der Grenze zu Spanien erheben sich die Pyrenäen, die dort bereits weit über 2000 m ansteigen. Zwischen Zentralmassiv und dem Kerngebiet des aquitanischen Beckens befinden sich ausgedehnte, relativ niedrige Kalkplateaus, deren Ausläufer bis unmittelbar vor Bordeaux reichen.

Das Klima ist – abgesehen von den Hochlagen – ganzjährig mild. An der Atlantikküste beträgt die Jahresdurchschnittstemperatur über 15 °C, in Bordeaux etwa 14 °C, an der Grenze zum Limousin noch 11 °C. Dieser Unterschied kommt insbesondere durch die milden Winter in Küstennähe zustande. Die Niederschläge sind relativ hoch und nehmen nach Süden hin immer mehr zu. Sie fallen vornehmlich im Winterhalbjahr.

Die Bodenbeschaffenheit ist vielfältig: Die Flussniederungen sind zumeist sehr fruchtbar, ebenso das Vorland der Pyrenäen. Zwischen ihnen ist der Boden jedoch zumeist karg: Die Kalkböden im Nordosten eignen sich für den Weinbau und spezialisierte Kulturen wie Trüffel, Nüsse und Obst, sind aber aufgrund ihrer Durchlässigkeit nicht ertragreich für den Ackerbau. Die weite Schwemmlandebene zwischen Garonne und Pyrenäen weist äußerst magere Lehm- und Sandböden auf, so dass hier jahrhundertelang nur extensive Schafzucht möglich war und Sümpfe das Bild bestimmten. Nach Aufforstung ab dem 18. Jahrhundert befindet sich hier jetzt das größte zusammenhängende Waldgebiet von ganz Frankreich, die Forêt des Landes.

Politische Gliederung

Die Region Aquitaine untergliedert sich in fünf Départements:

Département	Präfektur	ISO 3166-2	Arrondissements	Kantone	Gemeinden	Einwohner (Jahr)	Fläche (km²)	Dichte (Einw./km²)
Dordogne	Périgueux	FR-24	4	50	557	412082 (2009)	9060	45.5
Gironde	Bordeaux	FR-33	6	63	542	1434661 (2009)	10000	143.5
Landes	Mont-de-Marsan	FR-40	2	30	331	379341 (2009)	9243	41
Lot-et-Garonne	Agen	FR-47	4	40	319	326399 (2008)	5361	60.9
Pyrénées-Atlantiques	Pau	FR-64	3	52	547	647420 (2008)	7645	84.7

Städte

Die größten Städte der Region (> 20.000 Einwohner (1999)) sind:

- Bordeaux (215.363)
- Pau (78.732)
- Mérignac (61.992)
- Pessac (56.143)
- Bayonne (40.078)
- Talence (37.210)
- Anglet (35.263)
- Périgueux (30.193)
- Agen (30.170)
- Biarritz (30.055)
- Mont-de-Marsan (29.489)
- Villenave-d'Ornon (27.500)
- Bergerac (26.053)
- Saint-Médard-en-Jalles (25.566)
- La Teste-de-Buch (22.970)
- Villeneuve-sur-Lot (22.782)
- Bègles (22.475)
- Le Bouscat (22.455)
- Gradignan (22.193)
- Libourne (21.761)
- Lormont (21.343)
- Cenon (21.283)

Geschichte

Aquitanien ist ein Gebiet mit Megalithanlagen des Typs Allée Couvert und gehört zu den ältesten neolithisierten Regionen in Westeuropa.

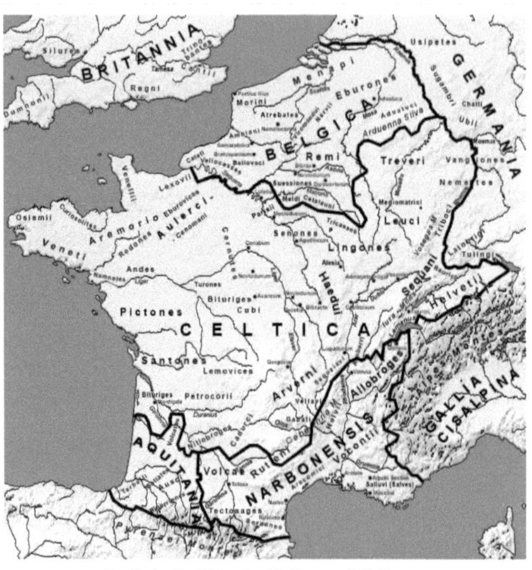

Aquitanien im Südwesten Galliens zur Zeit Caesars

Zur Zeit der römischen Eroberung wurde (von Julius Caesar in De Bello Gallico) das Gebiet südlich der Garonne (lat.: Garuna) als Aquitanien bezeichnet. Seine Einwohner, unter anderem die Ausker sprachen im Gegensatz zu der Bevölkerung des nördlich angrenzenden eigentlichen Galliens nicht keltisch, sondern eine dem heutigen Baskisch nahestehende Sprache (oder Sprachen), von der nur wenige Wörter bekannt sind, durch Ortsnamen und sehr kurze Inschriften.

Die von den Römern eingerichtete Provinz *Gallia Aquitana* reichte weit über das alte Aquitanien hinaus bis an die Loire (lat.: Liger). Später wurde sie geteilt in *Aquitania I* und *Aquitania II*, beide nördlich der Garonne, sowie *Novempopulana* (wörtlich „Neunvölker(-land)“) südlich des Flusses. Die einheimische Bevölkerung wurde romanisiert und nahm eine koloniale Abwandlung der lateinischen Sprache an.

418 wurden in Aquitanien die Westgoten vertraglich als Föderaten angesiedelt, wobei dies im Einklang mit der gallorömischen Oberschicht geschah, die sich Schutz vor anderen, weniger von Rom geprägten Barbaren erhofften. Nach der Mitte des 5. Jahrhunderts brach jedoch die ohnehin nur noch schwach ausgeprägte römische Oberherrschaft zusammen. Die Westgoten beherrschten diesen Raum bis 507.

Dann wurde Gallien bis zu den Pyrenäen von den Franken unterworfen, und die Westgoten zogen sich auf die Iberische Halbinsel zurück. Nach dem Verlust ihres gallischen Reichsteils bemühten sie sich, das Baskenland zu kontrollieren. Die fränkische Macht im nördlichen Pyrenäenvorland war dagegen nur wenig ausgeprägt. So drängten Basken aus den Pyrenäen, die unter der römischen Herrschaft ihre Sprache bewahrt hatten, nach Norden und dehnten ihre Hegemonie auf das ursprüngliche Aquitanien aus, ohne dass die vorher romanisierten Einwohner ihr Provinzlatein aufgaben. Von den Basken stammt auch der Name Gascogne.

Im 8. Jahrhundert dehnten die Mauren nach der Eroberung der Iberischen Halbinsel ihre islamische Herrschaft zeitweise über Pyrenäen und Garonne auf Aquitanien (im großräumigen Sinne) aus. Dann aber gelang Karl Martell 732 in der Schlacht von Tours und Poitiers, ihren Vormarsch zu stoppen und Aquitanien und das gesamte Gebiet bis zu den Pyrenäen endgültig für das fränkische Reich zu sichern.

Bis 771 war Aquitanien selbständiges Herzogtum, stand aber schon unter dem Herrschaftsanspruch der Karolinger (siehe Herzog Hunold), ab 781 sogar Königreich unter Ludwig dem Frommen, der 814 zum fränkischen Kaiser gekrönt wurde. Dessen Nachfolger in Aquitanien konnten die Hausmacht des Königreiches nicht aufrechterhalten, so dass 866 mit dem Tod des letzten Königs Karls des Kindes das Gebiet an das westfränkische Reich angegliedert wurde.

1152 kam Aquitanien durch die Heirat der Lehenserbin Eleonore von Aquitanien mit Heinrich Plantagenet Graf von Anjou zu Anjou und gehörte ab 1154 nach dessen Thronbesteigung zur englischen Krone. Als dieser als Heinrich II. von England eingesetzt wurde, erhob er auf weite Teile Frankreichs Anspruch, und es begann der mehr als 100 Jahre lang andauernde Krieg zwischen England und Frankreich, unter dem besonders Aquitanien zu leiden hatte. 1453 kam Aquitanien endgültig zu Frankreich.

Frankreich 1477

Im Lauf der Jahrhunderte haben sich die Grenzen der Region immer wieder verändert: Machte Aquitanien in der Römerzeit noch fast das südwestliche Viertel des heutigen Frankreichs aus, zersplitterte sich das Gebiet im Mittelalter in mehrere Herzogtümer und Grafschaften. Der Name Aquitanien wurde zu Guyenne abgeschliffen. Das Herzogtum Guyenne, von den Engländern in Besitz genommen, schrumpfte mit deren Gebietsverlusten im Hundertjährigen Krieg und umfasste nach dessen Ende nur noch das Bordelais und das Agenais. Im Süden schlossen sich die Gascogne, das Béarn und das nördliche Navarra an, im Nordosten bestand die Grafschaft Périgord. Mit der Einrichtung der Départements infolge der Französischen Revolution wurde den alten Provinzen als Verwaltungseinheiten ein Ende gesetzt.

Mit der Einrichtung der Regionen 1960 entstand Aquitanien in den derzeitigen Grenzen neu. 1972 erhielt die Region den Status eines *Établissements public* unter Leitung eines Regionalpräfekten. Durch die Dezentralisierungsgesetze von 1982 erhielten die Regionen den Status von *Collectivités territoriales* (Gebietskörperschaften), wie ihn bis dahin nur die Gemeinden und die Départements besessen hatten. 1986 wurden die Regionalräte erstmals direkt gewählt. Seitdem wurden die Befugnisse der Region gegenüber der Zentralregierung in Paris schrittweise erweitert.

Seit dem 1. November 1995 erhält Aquitanien eine Partnerschaft[1] mit dem deutschen Bundesland Hessen.

Siehe auch: Ausker, Herzog von Aquitanien; Eudo von Aquitanien

Bevölkerung

Demographische Entwicklung

Die Bevölkerungsentwicklung in der Region Aquitanien stellt sich uneinheitlich dar. Insgesamt hat die Region in den letzten ca. 150 Jahren an Bevölkerung gewonnen, bleibt aber unter dem französischen Gesamtdurchschnitt. Diese Entwicklung ist darauf zurückzuführen, dass Aquitanien in weiten Teilen immer noch sehr ländlich geprägt ist.

So haben die Départements Dordogne und Lot-et-Garonne, die auch den höchsten Anteil der Landwirtschaft an der Wirtschaftsleistung aufweisen, in dieser Zeitspanne einen Bevölkerungsverlust hinnehmen müssen, den sie bis heute nicht haben ausgleichen können. Die Landes hingegen konnten aufgrund kleinerer Industriestandorte, großflächiger Agrarbewirtschaftung und vor allem ihrer touristischen Entwicklung in der Nachkriegszeit den Verlust ausgleichen.

Gewinner in der Bevölkerungsentwicklung sind die Départements Gironde und Pyrénées-Atlantiques, die beide über urbane Zentren verfügen. Dabei ist die Bedeutung des Großraums Bordeaux um ein Vielfaches höher als die kleineren Ballungsräume um Pau und Bayonne-Anglet-Biarritz. Die Entwicklung der Einwohnerzahl der Gironde hat sich von den anderen Départements daher praktisch abgekoppelt.

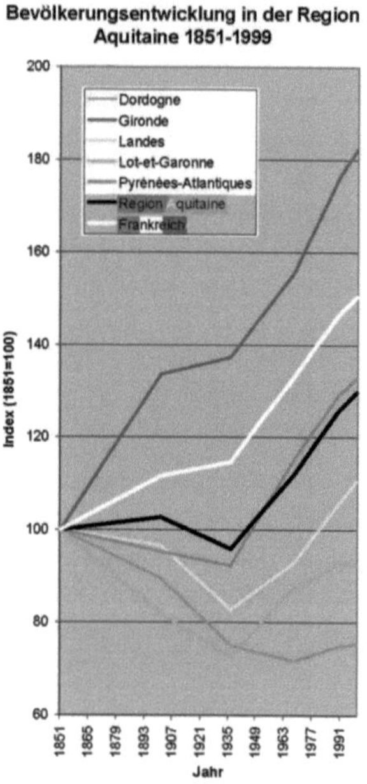

Bevölkerungsentwicklung der Region Aquitanien von 1851–1999

Innerhalb der Départements findet ebenfalls eine Gewichtsverschiebung statt: Städte mittlerer Größe mit einer eigenen Agglomeration, diversifizierten und/oder zukunftssicheren Wirtschaftsbedingungen gewinnen z.T. deutlich. Beispiele hierfür sind Dax oder Bergerac. Ländliche Gegenden ohne Möglichkeiten, Ersatz für wegfallende Arbeitsplätze in der Landwirtschaft auszugleichen, haben sich in dieser Zeit dagegen geradezu geleert. Die Region im äußersten Norden des Départements Dordogne hat beispielsweise allein zwischen 1921 und 1999 mehr als die Hälfte ihrer Bevölkerung verloren.

Wappen

Beschreibung: In Rot ein blaugezungter und so bewehrter goldener hersehender laufender Löwe.

Politik

Ergebnis der Wahl des Regionalrates vom 28. März 2004:

- Liste Alain Rousset (Sozialistische Partei (PS) / Sozialliberale (PRG) / Grüne): 54,87 % = 769.893 Stimmen
- Liste Xavier Darcos (Konservative Parteien UMP / UDF): 33,46 % = 469.382 Stimmen
- Liste Jacques Colombier (Front National (FN)): 11,67 % = 163.737 Stimmen

Siehe auch: Liste der Präsidenten des Regionalrates von Aquitanien seit 1986

Wirtschaft

Im 1. Quartal 2004 betrug die Arbeitslosenquote 9,7 %, sie entsprach damit dem Durchschnitt Frankreichs. Im Vergleich mit dem BIP der Europäischen Union ausgedrückt in Kaufkraftstandards erreichte die Region 2006 einen Index von 99,6 (EU-27 = 100).[2]

Wichtige Wirtschaftszweige sind der Tourismus, die Landwirtschaft (8 % der Arbeitnehmer), die Holzindustrie und die Luftfahrttechnik.

Tourismus

Die Düne von Pyla ist mit über 100 m Höhe und fast 3 km Länge die größte Sanddüne Europas. Im Landesinneren findet man die berühmten Weinberge von Bordeaux. Die gesamte Küstenregion von Biscarrosse bis an die Grenze Spaniens wird von einem feinen Sandstrand gesäumt, der im Sommer zahlreiche Touristen anlockt.

Weblinks

- Regionalrat von Aquitanien [3]
- Fremdenverkehrsamt [4]
- Farbkarte mit den Grenzen der fränkischen Teilkönigreiche um 600 [5]

Quellen

[1] Partnerregionen Aquitaine und Hessen (http://www.hmdj.hessen.de/irj/HMdJ_Internet?cid=da5285cd6e6afaf09ee4aa7498e783a2)

[2] Eurostat Pressemitteilung 23/2009: Regionales BIP je Einwohner in der EU27 (http://epp.eurostat.ec.europa.eu/pls/portal/docs/PAGE/PGP_PRD_CAT_PREREL/PGE_CAT_PREREL_YEAR_2009/PGE_CAT_PREREL_YEAR_2009_MONTH_02/1-19022009-DE-AP.PDF) (PDF-Datei; 360 kB)

[3] http://www.aquitaine.fr/

[4] http://www.tourisme-aquitaine.fr/

[5] http://www.euratlas.com/history_europe/europe_map_0600.html

Koordinaten: 45° N, 0° O

xmf:აკვიტანია

Unterpräfektur

Als **Unterpräfektur** werden in verschiedenen Ländern Verwaltungseinheiten unterhalb der Präfektur-, Provinz- oder Gemeindeebene bezeichnet.

Frankreich

In Frankreich bezeichnet die Unterpräfektur (frz. *sous-préfecture*) eine Verwaltungsebene unterhalb des Départements und der Region.

Der Standort der Unterpräfektur ist die Hauptstadt (frz. *chef-lieu*) eines Arrondissements; der oberste Verwaltungsbeamte eines *Arrondissements* ist der Unterpräfekt (frz. *sous-préfet*).

In den Hauptstädten der Départements gibt es keine Unterpräfekturen, hier sind auch die Präfekturen zuständig.

Sous-préfecture in Verdun

Brasilien

In Brasilien bezeichnet die Unterpräfektur (port. *subprefeitura*) eine untergeordnete Verwaltungseinheit einiger großer Gemeinden, darunter São Paulo und Rio de Janeiro. Der Unterpräfekt (port. *subprefeito*) wird in der Regel vom *prefeito*, dem Bürgermeister, ernannt.

Japan

In Japan ist die Unterpräfektur (jap. , *shichō*, wörtlich: „Zweigamt, -behörde") eine untergeordnete Verwaltungseinheit einiger Präfekturen. Hokkaidō und Yamagata sind vollständig in Unterpräfekturen unterteilt, in anderen Präfekturen sind nur einzelne Gebiete, vor allem Inseln und entlegene Bergregionen, als Unterpräfekturen organisiert.

Unterpräfekturen in Japan:

- Präfektur Hokkaidō:
  - Unterpräfektur Abashiri
  - Unterpräfektur Hidaka
  - Unterpräfektur Hiyama
  - Unterpräfektur Iburi
  - Unterpräfektur Ishikari
  - Unterpräfektur Kamikawa
  - Unterpräfektur Kushiro
  - Unterpräfektur Nemuro
  - Unterpräfektur Oshima
  - Unterpräfektur Rumoi
  - Unterpräfektur Shiribeshi
  - Unterpräfektur Sorachi
  - Unterpräfektur Sōya
  - Unterpräfektur Tokachi
- Präfektur Kagoshima:
  - Unterpräfektur Kumage
  - Unterpräfektur Ōshima
- Präfektur Miyazaki:
  - Unterpräfektur Nishiusuki
- Präfektur Okinawa:
  - Unterpräfektur Miyako
  - Unterpräfektur Yaeyama
- Präfektur Shimane:
  - Unterpräfektur Okinoshima
- Präfektur Tokio:
  - Unterpräfektur Ōshima
  - Unterpräfektur Miyake
  - Unterpräfektur Hachijō
  - Unterpräfektur Ogasawara
- Präfektur Yamagata:
  - Unterpräfektur Murayama
  - Unterpräfektur Mogami
  - Unterpräfektur Okitama
  - Unterpräfektur Shōnai

Atlantischer_Ozean

Der **Atlantische Ozean** (kurz: **Atlantik**) ist nach dem Pazifik der zweitgrößte Ozean.

Er entstand durch die Teilung der erdgeschichtlichen Kontinente Laurasia im Norden und Gondwana im Süden und trennt heute Europa und Afrika vom amerikanischen Kontinent.

Mit seinen Nebenmeeren hat der Ozean eine Fläche von rund 106,2 Millionen km² und bedeckt ein Fünftel der Erdoberfläche. Der Meeresboden ist durch den Mittelatlantischen Rücken, der bis zu 3000 Meter über dem Tiefseeboden aufragt, in eine West- und eine Ostatlantische Mulde getrennt.

Karte des Atlantischen Ozeans

Namensherkunft

Der Name geht auf den Begriff *Atlantis thalassa* der altgriechischen Sprache zurück: Ἀτλαντὶς θάλασσα; deutsch: *Meer des Atlas*).

In der Griechischen Mythologie glaubte man, dass die damals bekannte Welt hinter den so genannten Säulen des Herakles, also westlich der Straße von Gibraltar, endete. Demnach stützte der Titan Atlas (griechisch Ἄτλας, Träger) das Himmelsgewölbe am westlichsten Punkt, ihm zu Ehren wurde dieser Ozean benannt.

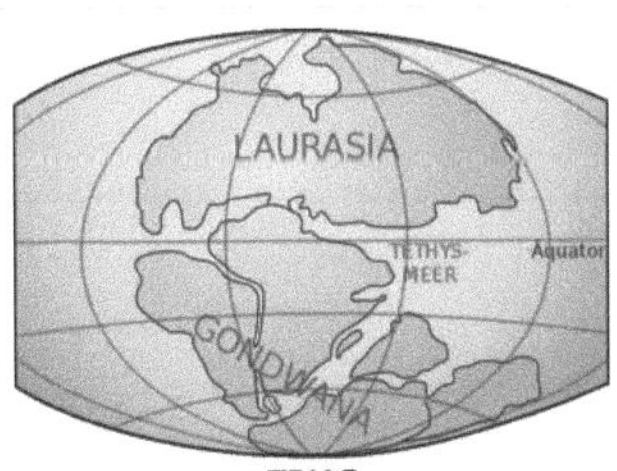

Laurasia und Gondwana im Trias

Geographie

Der Atlantische Ozean, der sich fast ausschließlich auf der Westhalbkugel der Erde befindet, liegt zwischen der Arktis im Norden, Europa im Nordosten, Afrika im Südosten, der Antarktis im Süden, Südamerika im Südwesten und Nordamerika im Nordwesten. Der Atlantik wird aufgrund seiner ausgeprägten Nord-Süd Ausrichtung auch in Nordatlantik und Südatlantik unterteilt.

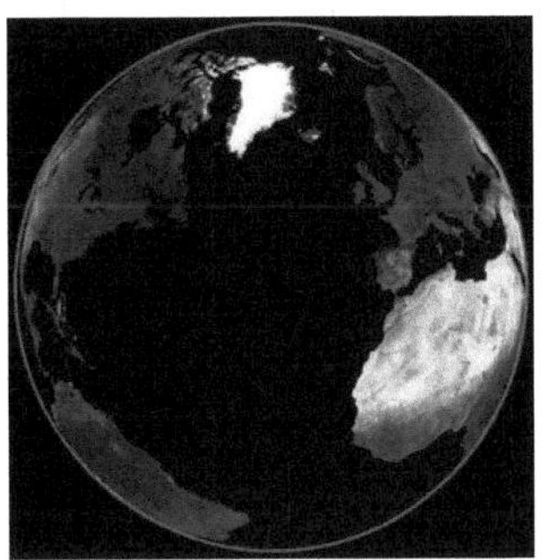
Nordatlantik

Der Atlantische Ozean fasst ein Volumen von rund 354,7 Mio. km³. Die maximale Tiefe wird mit 9.219 Metern im Milwaukeetief, einem Teil des Puerto-Rico-Grabens, erreicht. Der Golfstrom, der aus der Karibik kommt und quer über den Atlantik bis nach Grönland zieht, ist für das relativ milde Klima an den nordeuropäischen Küsten verantwortlich. Der Atlantik ist, wegen des intensiven Schiffsverkehrs auf den Nebenmeeren (u. a. Mittelmeer, Nord- und Ostsee) und des Transitverkehrs zwischen Europa und Nordamerika, das verkehrsreichste Weltmeer.

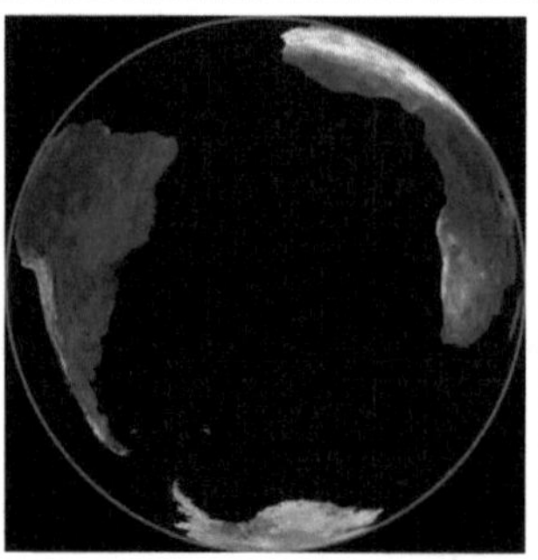

Südatlantik

Nebenmeere

Der Atlantik verfügt über eine Reihe bedeutender Mittel-, Rand- und Binnenmeere:

Bezeichnung	Art	Ausdehnung ca.
Europäisches Nordmeer	Randmeer	1380000 km²
Irmingersee	Randmeer	
Nordsee	Randmeer	575000 km²
Ostsee	Binnenmeer	413000 km²
Europäisches Mittelmeer	Mittelmeer	2596000 km²
Schwarzes Meer	Binnenmeer	424000 km²
Amerikanisches Mittelmeer	Mittelmeer	4354000 km²
Hudson Bay	Binnenmeer	1230000 km²
Baffin Bay	Randmeer	600000 km²
Labradorsee	Randmeer	1500000 km²

Verbindungen zu den anderen Weltmeeren

Die Dänemarkstraße, die zwischen Grönland und Island liegt, sowie die Davisstraße mit anschließender Baffin Bay zwischen Kanada und Grönland, sind die nördlichen Verknüpfungen zum Arktischen Ozean. Östlich von Island geht das Europäische Nordmeer direkt in den Arktischen Ozean über. Die größte zusammenhängende Verbindung des Atlantik mit den übrigen Ozeanen erstreckt sich südlich des Kap Agulhas. Der durch diesen Ort laufende Meridian trennt den Atlantik vom Indischen Ozean. Im Süden bildet der 60. Breitengrad die durch den Antarktisvertrag willkürlich gezogene Grenze zum Südpolarmeer. Die Verbindung zum Pazifischen Ozean wird durch die Magellanstraße, den Beagle-Kanal und die Gewässer um Kap Hoorn geschaffen.

Schifffahrtsstraßen

Neben natürlichen Verbindungen zu den angrenzenden Weltmeeren existieren auch von Menschen geschaffene Verbindungen:

- Sueskanal, verbindet das europäische Mittelmeer mit dem Roten Meer,
- Panamakanal, verbindet das amerikanische Mittelmeer mit dem Pazifik.

Meeresboden

Innerhalb des *Atlantiks*, beziehungsweise auf dessen Meeresboden, befinden sich ein hoher und sehr langgestreckter mittelozeanischer Rücken, viele niedrigere Schwellen, Tiefseebecken, Tiefseerinnen und verschiedene Meerestiefs.

Zu den mittelozeanischen Rücken gehört der Mittelatlantische Rücken, der sich ungefähr in der Mitte des *Atlantiks* von Nord nach Süd durch den Ozean zieht. Er stellt eine divergierende Plattengrenze dar. Der Ozeanboden wird immer älter, je weiter er vom mittelozeanischen Rücken entfernt ist. Durch die ständig aus dem Mittelatlantischen Rücken hervorquellende Lava verbreitert sich der Atlantik und schiebt die Kontinente auseinander.

Zu den Tiefseerinnen beziehungsweise Meerestiefs gehört der Puerto-Rico-Graben mit dem 9.219 m unter dem Meeresspiegel liegenden Milwaukeetief, welches die tiefste Stelle des Atlantiks darstellt.

Man kann den Atlantik in Nord-, Zentral- und Südatlantik einteilen. Hierbei weisen die Böden des Zentralatlantiks das größte Alter auf – hier begann die Bildung des Ozeans.

Wasser

Der durchschnittliche Salzgehalt des Atlantischen Ozeans liegt bei ca. 3,54 %, während er im Pazifik bei 3,45 % und im Indischen Ozean bei 3,48 % liegt. Der Salzgehalt ist in der Nordsee mit 3,2–3,5 % etwas niedriger. Er nimmt in der Nähe von Flussmündungen auf 1,5–2,5 % ab und beträgt in der Ostsee noch 0,2–2,0 %.

Inseln

Einige der größten Inseln der Erde liegen im Atlantischen Ozean, so beispielsweise Grönland, Island, Großbritannien, Irland und Neufundland. Inselgruppen im Atlantik sind die Kanaren, die Azoren, die Scilly-Inseln, die Bahamas, die Bermudas, die Großen und Kleinen Antillen, die Kapverden, die Falklandinseln und die namentlich nicht benannte, aber geografisch zur so genannten Kamerunlinie gehörige Inselgruppe um São Tomé und Príncipe sowie Bioko und Annobón. Kleinere, isolierte Inseln sind Madeira, Ascension, St. Helena, Tristan da Cunha, Gough, Fernando de Noronha, Trindade, die Sankt-Peter-und-Sankt-Pauls-Felsen und die Bouvetinsel.

Literatur

- Holger Afflerbach: *Das entfesselte Meer. Die Geschichte des Atlantik.* Malik-Verlag, München 2001, ISBN 3-492-23989-7.
- Manfred Leier: *Weltatlas der Ozeane – mit den Tiefenkarten der Weltmeere.* Frederking und Thaler, München 2001, ISBN 3-89405-441-7, S.122-153
- Simon Winchester: *Atlantic: A Vast Ocean of a Million Stories.* HarperCollins, 2010. ISBN 9780007341375.

Siehe auch

- Thermohaline Zirkulation

Weblinks

- CIA World Factbook: Atlantischer Ozean [1] (englisch)

Koordinaten: 7° N, 31° W [2]

bjn:Lautan Atlantik kbd:Атлантикэ Океан koi:Атлантика океан nso:Atlantic Ocean rue:Атлантічный океан xmf:ატლანტიშ ოკიანე

References

[1] https://www.cia.gov/library/publications/the-world-factbook/geos/zh.html
[2] http://toolserver.org/~geohack/geohack.php?pagename=Atlantischer_Ozean&language=de¶ms=7_N_31_W_dim:7000000_region:XA_type:waterbody

Bassin_d'Arcachon

Koordinaten: 44° 42′ 0″ N, 1° 9′ 0″ W [1]

Bassin d'Arcachon

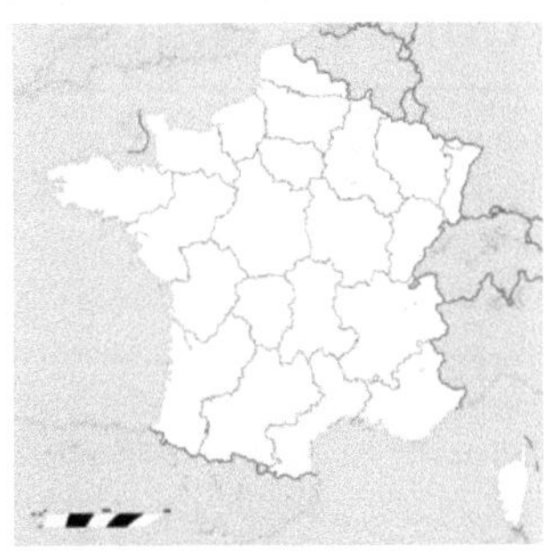
Frankreich

Das **Bassin d'Arcachon** (*Becken von Arcachon* oder *Bucht von Arcachon*) ist eine etwa 155 Quadratkilometer große Bucht im Südwesten Frankreichs.

Lage und Beschaffenheit

Die Bucht liegt in der Region Aquitaine, im Département Gironde und im Arrondissement Arcachon gut 42 Kilometer (Luftlinie) südwestlich der Stadt Bordeaux. Das Bassin hat eine annähernd dreieckige Form und wird durch die Halbinsel Cap Ferret fast vom Atlantik abgetrennt. In der Bucht befinden sich ausgedehnte, von Prielen durchzogene Wattflächen. Es gibt hier eine noch bemerkenswert ausgeprägte Flora und Fauna mit zum Teil seltenen Spezien. Einige Teilbereiche der Bucht sind Naturschutzgebiet. Innerhalb des Bassin d'Arcachon befindet sich eine Vogelschutzinsel, deren Betreten grundsätzlich nicht gestattet ist.

Wirtschaft und Tourismus

In der Bucht wird noch von fast 350 Fischern (in abnehmender Anzahl) Austernzucht betrieben, deren Erzeugnisse in den Restaurants der umliegenden Ferienorte, aber auch weltweit als Delikatesse gelten. Um die Bucht herum gibt es neben dem touristischen Hauptort Arcachon eine ganze Reihe weiterer Badeorte wie beispielsweise Gujan-Mestras, Andernos-les-Bains oder Arès mit der üblichen touristischen Infrastruktur wie Yachthäfen, Hotels und Ferienwohnungen, Campingplätzen und Restaurants. Weitere Sehenswürdigkeiten in unmittelbarer Nähe sind Cap Ferret, mit dem bekannten Leuchtturm, und etwas südlicher gelegen, die höchste Düne Europas, die Dune du Pilat, mit etwa 110 Metern Höhe.

Weblinks

- Offizielle Tourismusseite [2] (französisch)

References

[1] http://toolserver.org/~geohack/geohack.php?pagename=Bassin_d%E2%80%99Arcachon&language=de¶ms=44.7_N_1.15_W_region:FR-33_type:waterbody
[2] http://www.bassin-arcachon.com/

Humbert_Balsan

Humbert Balsan (* 21. August 1954 in Arcachon; † 10. Februar 2005 in Paris) war ein französischer Filmproduzent, Vizepräsident des Verwaltungsrats der französischen Cinemathek und Vizepräsident der Europäischen Filmpreises.

Der gelernte Schauspieler wechselte nach einigen kleineren Rollen das Fach und schuf sich seit Ende der 1970er ein Renommee als Produzent. Balsan hat eine Anzahl französischer Filmemacher entdeckt und gefördert. Zu seinen jüngsten Erfolgen zählte der Film "Divine Intervention" des palästinensischen Regisseurs Elia Suleiman, der 2002 den Preis der Jury des Cannes-Festivals erhielt.

Balsan war in früheren Jahren (zuletzt 2003) Juror der Berlinale, die am 14. Februar zu seinem Gedenken eine Sondervorführung seines Films "Gibt es zu Weihnachten Schnee?" (Regie Sandrine Veysset) ansetzte. Der Chef der Filmfestspiele von Cannes, Gilles Jacob, bekannte öffentlich: "Wir haben einen Bruder verloren." Er produzierte mehr als 60 Filme. Er arbeitete mit Filmemachern wie Youssef Chahine, Elia Suleiman, Gilles Portes und Yolande Moreau zusammen.

Er tötete sich am Abend des 10. Februar 2005 in seinem Pariser Büro selbst durch Erhängen. Seine schweren Depressionen, die dafür die Ursache ausmachten, hatte er sich öffentlich nicht anmerken lassen. Laut dem Nachruf der Pariser Zeitung Libération hatte er laufende Filmprojekte mit Claire Denis, Béla Tarr, Francis Girod und steckte nahezu bis zuletzt voller Pläne.

Lars von Trier widmete ihm seinen Spielfilm Manderlay. Der Spielfilm Der Vater meiner Kinder (frz.: *Le père de mes enfants*) rekonstruiert mit veränderten Namen und biografischen Details die Wochen vor und nach Balsans Selbstmord.

Weblinks

- Humbert Balsan in der deutschen [1] und englischen [2] Version der Internet Movie Database

References

[1] http://www.imdb.de/name/nm0051116/
[2] http://www.imdb.com/name/nm0051116/

Isaac_Péreire

Emile und Isaac Péreire

Isaac Pereire (* 25. November 1806 in Bordeaux; † 12. Juli 1880 in Armanvilliers) war ein französischer Finanzmann, Industrieller, Publizist und Mäzen portugiesisch-sephardischer Herkunft.

Der Enkel von Jacob Rodrigues Pereira, einem Pionier der Gebärdensprache, schloss sich nach dem frühen Tod des Vaters eng an seinen älteren Bruder Emile Péreire an, arbeitete wie dieser in einer Pariser Bank und verkehrte, vermttelt über Olinde-Rodrigues, einen Schüler von Henri de Saint-Simon, in einschlägigen Kreisen. Wie sein Bruder wurde er journalistisch tätig, schrieb unter anderem für "Le Globe," "Le Temps," "Le Journal des Débats," etc.

Ab 1835 engagierte sich das Brüderpaar im Eisenbahnbau, angefangen von der ersten französischen Linie von Paris nach St.-Germain über Großprojekte wie 1845 den Chemin de Fer du Nord bis ins Ausland. 1852 gründete es die Société Générale du Crédit Mobilier. Dieses zunächst erfolgreiche Unternehmen musste 1867 liquidieren. Die Péreires blieben allerdings prominent und einflussreich, auch nach dem Ende des Zweiten Kaiserreichs. 1876 bis 1880 war Isaac Péreire Eigentümer der Pariser Tageszeitung "La Liberté."

Werke (Auswahl)

- "Leçons sur l'Industrie et les Finances, Prononcées à la Salle de l'Athenée," Paris 1832
- "Le Rôle de la Banque de France et l'Organisation du Crédit en France," Paris 1864
- "Principes de la Constitution des Banques," Paris 1865

Weblinks

- Jewish Encyclopedia [1]

References

[1] http://google.com/search?q=cache:E6bqix5YMdUJ:www.jewishencyclopedia.com/view.jsp%3Fartid%3D187%26letter%3DP+Pereire&hl=en&ct=clnk&cd=1&gl=us

Austernzucht

Unter **Austernzucht** (engl.: *oyster culture*, franz.: *culture des huîtres*) versteht man die kommerzielle Kultivierung von Austern in Aquakultur. Für allgemeine Informationen über diese Muschelart siehe Austern.

Illustration zum Austernfischen, *L'Encyclpédie*, 1771

Allgemeines

Austern leben in der Gezeitenzone vieler Meere. Traditionell wurden diese Austernbänke mit Schürfnetzen abgefischt, gelegentlich wurden die Muscheln auch von Tauchern geborgen. Bei Ebbe können Austern gelegentlich trockenen Fußes eingesammelt werden, wie zum Beispiel in der Blidsel-Bucht auf Sylt (Deutschland), wo Inhaber von Fischereischeinen zehn Liter Austern pro Tag einsammeln dürfen.

Austernzucht im Fluss Belon, Frankreich

Da Austern eine begehrte Speise sind, kam es bereits ab dem 18. Jahrhundert zu einer starken Überfischung. Im 20. Jahrhundert trugen Umweltverschmutzung und das Auftreten von Viruserkrankungen zu einer weiteren Ausdünnung des Bestandes bei. Als Folge werden heute Austern hauptsächlich in kontrollierter Aquakultur gezüchtet. Global kommen 95,8 Prozent aller Austern aus Zuchtbetrieben, nur 4,2 Prozent werden traditionell gefischt (2003).

Geschichtliches

In der Frühzeit wurden Austern in der Gezeitenzone eingesammelt oder von Tauchern geborgen. Ab dem 4. Jahrhundert v. Chr. begann man in Griechenland mit gezielter Austernzucht. Man entdeckte durch Zufall, dass sich Austern besonders gern an Tonscherben festsetzen und versenkte in der Folge größere Mengen davon im Meer. Auch die Tatsache, dass der Standort einen Einfluss auf den Geschmack der Austern hat, wurde von den Griechen erkannt und ausgenutzt.

Römische Illustration zur Austernzucht

Im Antiken Rom wurde die Technik der Austernkultivierung weiterentwickelt und verfeinert. Üblicherweise wurden junge Austern im Meer eingesammelt und dann in geeigneten Buchten aufgezogen. Eine römische Darstellung (siehe Abbildung rechts) zeigt unter dem Wort „Ostriaria“ ein Gerüst, von dem wahrscheinlich mit Austern gefüllte Säcke ins Wasser hingen. In der römischen Antike tauchen bereits „Markennamen“ auf. Ein gewisser Gaius Sergius Orata produzierte im Lukrinersee Austern, die er unter dem Handelsnamen „Calliblephara“ auf den Markt brachte, und die als besonders hochwertig galten.

Nach dem Untergang des römischen Reichs scheint die Technik der Austernkultivierung in Vergessenheit geraten zu sein; sie wurde erst im 19. Jahrhundert wiederentdeckt. Im Mittelalter und in der frühen Neuzeit wurden lediglich Bestände wilder Austern eingesammelt, später dann mit Booten und Schürfnetzen und (seltener) mit Rechen abgefischt. Die französische Stadt Cancale hatte dabei besondere Bedeutung, hier wurde Austernfischerei in großem Stil betrieben. Die Ware wurde per Schiff entlang der Küste und über die Seine nach Paris transportiert.

Ab 1720 wurde die Überfischung der Austernbänke merkbar und zu einem zunehmenden Problem. 1750 wurde die Austernfischerei in der Bucht von Arcachon für drei Jahre verboten. 1759 wurde in ganz Frankreich die Austernfischerei in den Monaten Mai bis Oktober untersagt. Weitere Verordnungen folgten 1766 und 1787, in der Folge erholten sich die Austernbestände ein wenig. Um 1840 erreichte die Austernproduktion in Cancale einen Höchststand.

In den 1850er-Jahren wurde in Frankreich die Austernkultivierung erneut betrieben. Tausende Dachziegel wurden im Meer versenkt, nachdem man herausgefunden hatte, dass sich Austern darauf besonders häufig festsetzen. Jean Victor Coste studierte die Zuchttechniken der Antike und regte diverse Kultivierungsmethoden an. Derartige Maßnahmen wurden üblicherweise von den französischen Königen unterstützt, die meist große Austernliebhaber waren.

Pflegen einer Austernkultur, England, 1881

Traditionell wurde in ganz Europa die einheimische Europäische Auster gezüchtet bzw. gefischt. Im 19. Jahrhundert wurde die Austernart Crassostrea angulata aus dem fernen Osten nach Portugal eingeführt. Diese Austernart, die der heutigen Pazifischen Felsenauster sehr ähnlich ist, vermehrte sich stark und wurde kommerziell genutzt. Im Jahr 1868 suchte ein mit diesen Austern beladenes Schiff in der Gironde-Mündung bei Bordeaux mehrere Tage lang Schutz vor einem Sturm. Durch diese Verzögerung nahm der Kapitän irrtümlicherweise an, dass die Ladung bereits verdorben wäre und ließ die 600.000 Austern ins Meer werfen. Diese „Portugiesischen Austern“ breiteten sich rasch entlang der gesamten Atlantikküste aus. Um das Jahr 1900 machte diese Art bereits die Hälfte der französischen Austernproduktion aus.

Ab 1920 wurde in Japan die Langleinenzucht entwickelt, die Austernkultivierung auch außerhalb der Gezeitenzone ermöglicht. In den 1970er-Jahren wurde diese Technik auch in Korea und China eingeführt, was zu einem starken Anstieg der Austernproduktion führte.

Austernkultur in der Rivière d'Etel, Frankreich

Der Winter 1962/63 entwickelte sich in Europa zum kältesten Winter seit dem Beginn der meteorologische Aufzeichnungen; sogar der Canal Grande in Venedig führte Eisschollen. Die Küstengewässer Nordeuropas waren wochenlang zugefroren, sehr viele Austernkulturen wurden dadurch zerstört. Dies war der Beginn des Niederganges der Europäischen und der Portugiesischen Auster.

Zwischen 1966 und 1973 gingen zunächst die Bestände der Portugiesischen Auster durch eine Virusepidemie (*maladie des branchies*) zugrunde. Aus Tradition werden in Frankreich noch heute gelegentlich die modernen Pazifischen Felsenaustern als *portugeses* (fehl)bezeichnet, tatsächlich wird die Portugiesische Auster aber nicht mehr kultiviert.

In den 1970er-Jahren wurden die Bestände der Europäischen Auster durch zwei Epidemien stark reduziert, zunächst durch eine Krankheit namens *Marteilia refringens* und ab 1979 durch *Bonamia ostreae*. Der europäischen Austernwirtschaft drohte der Zusammenbruch. Das Problem konnte durch den Import der Pazifischen Felsenauster aus Japan gelöst werden, die gegen die europäischen Krankheiten bis heute resistent ist und wieder ein Wachstum der Austernproduktion ermöglicht hat.

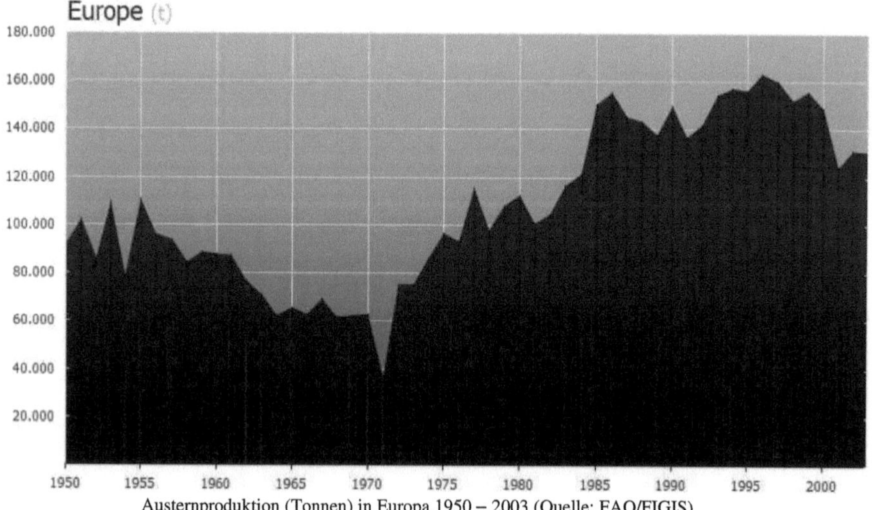

Austernproduktion (Tonnen) in Europa 1950 – 2003 (Quelle: FAO/FIGIS)

Kultivierung mit Saataustern

Weibliche Austern laichen im Sommer, wobei jedes Tier mehrere Millionen Eier produziert. Bei der Austernzucht wird oft auf diese natürliche Reproduktion verzichtet, stattdessen werden die Bestände mit Saataustern aufgebaut. In nördlichen Gegenden ist dies sogar unbedingt erforderlich, da Austern in kühlem Wasser nicht verlässlich laichen.

Saataustern (engl.: *spat*, franz.: *naissain*) können im Meer oder im Labor gezüchtet werden. Bei Vermehrung im Meer muss zunächst für einen geeigneten Untergrund gesorgt werden, da sich Austern vorzugsweise an harten Objekten festsetzen. Da Austernlarven Dachziegel besonders schätzen, werden in Zuchtbetrieben zu Beginn des Sommers oft große Mengen gekalkter Dachziegel im Meer versenkt. Sobald sie auf den Ziegeln herangewachsen sind, werden sie aus dem Meer geholt und die Austern vorsichtig abgelöst und verkauft. Alternativ können Saataustern auch in Labors unter kontrollierten Bedingungen in Tanks oder Becken gezogen werden.

Triploide Austern

Triploide Austern besitzen drei Chromosomensätze sind deshalb nicht fortpflanzungsfähig. Sie entstehen aus mit tetraploidem Sperma befruchteten Eiern. Ihr Fleisch bleibt unbeeinflusst von Fortpflanzungsvorgängen wie der Produktion von Eiern im Sommer. Triploide Austern wachsen schneller und haben, im Gegensatz zu normalen diploiden Austern, das ganze Jahr etwa gleichbleibende Qualität. Triploidie stellt keine Veränderung der Gene dar. Der gesamte Chromosomensatz ist dreifach statt zweifach vorhanden.

Arten der Kultivierung

Bodenkultivierung

Die Bodenkultivierung ist die einfachste und billigste Form der Austernzucht. Dabei werden die Austern über geeignetem Untergrund ausgesät. Nach drei bis sechs Jahren sind sie zu einer verkaufsfertigen Größe herangewachsen und werden mit Schürfnetzen eingebracht. Diese Methode ist in Europa vor allem in England bei der Zucht der Europäischen Auster üblich.

Der Hauptvorteil liegt im geringen Aufwand, und damit geringen Kosten. Zwischen der Aussaat und dem Abfischen ist keinerlei Arbeitsaufwand erforderlich. Weiter besteht bei dieser Methode keinerlei Platzbedarf an der Oberfläche. Nachteilig ist die ökologische Störung des Meeresbodens durch die Schürfnetze und das Einbringen von unerwünschtem Beifang. Problematisch ist auch, dass – im Gegensatz zu den anderen Methoden – im Bereich der Austernzucht Seefahrt möglich ist. Schiffe und Boote, die über den Austernbänken fahren, können zu Gewässerverunreinigung führen.

Tischkultivierung

Die Tischkultivierung ist nur an flachen Küsten mit einer ausreichend breiten Gezeitenzone möglich. Bei dieser Methode werden in der Tidenzone ca. 50 cm hohe Eisentische (franz.: *tables à caire-voie*) aufgestellt. Auf diesen liegen grobmaschige Säcke (franz.: *poches*), in denen die Austern heranwachsen. Sie sind bei Flut im Wasser und bei Ebbe im Trockenen. Die Aufzucht auf Tischen verhindert einerseits, dass die Austern einen schlammigen Geschmack annehmen und schützt weiterhin die Tiere vor bodenlebenden Räubern. Die Säcke werden in regelmäßigen Abständen gerüttelt und gewendet, damit die Austern nicht zusammenwachsen oder eine krumme Form bekommen, außerdem muss ständig der Algenbewuchs entfernt werden.

Tischkultivierung im Belon, Frankreich

Der Hauptvorteil der Tischkultivierung besteht darin, dass die Austern durch ständige Pflege eine gut aussehende Schale erhalten. Dies ist vor allem wichtig, wenn sie als „Schlürfaustern“ in den Handel kommen. Die Methode ist daher in Frankreich vorherrschend. Ein weiterer Vorteil ist der Umstand, dass die Bewirtschaftung bei Ebbe trockenen Fußes erfolgen kann.

Nachteilig ist der große Flächenbedarf der Austernzucht und der hohe Arbeitsaufwand. Austern aus Tischkultur sind daher relativ teuer. In nördlichen Regionen (Deutschland, Großbritannien, Irland) können im Winter Eisstöße ein Problem sein, die Austern müssen dann in geschützten Becken überwintert werden.

In manchen Regionen wird die Tischkultivierung mit der Bodenkultivierung kombiniert. Die Austernbabys wachsen zunächst auf geeignetem Substrat am Meeresboden heran und werden erst ab einer gewissen Größe eingesammelt und dann in Säcken weitergezüchtet.

Leinenkultivierung

Bei der Leinenkultivierung (engl.: *longline cultivation*) wird ein geeignetes Substrat – oft durchbohrte Muschelschalen – in ein Kunststoff- oder Stahlseil eingeflochten, so dass sich ca. alle 20 cm eine Schale am Seil befindet. Häufig werden die Schalen auch durch 20 cm lange Plastikrohre auf Distanz gehalten. Auf diesen Muschelschalen wachsen die Austern heran.

Bei der vertikalen Kultivierung werden die Leinen von Flößen oder Bojen ins Wasser gehängt. Bei der horizontalen Methode werden die – oft mehr als 100 Meter langen – Leinen zwischen Pflöcken waagrecht gespannt. Seltener ist die diagonale Kultivierung, hier werden die Leinen vor der Spitze eines Pfostens diagonal wie die Leinen eines Zeltes zum Meeresboden geführt und dort verankert.

Haben die Austern die gewünschte Größe erreicht, werden die Leinen eingebracht und die Tiere vom Substrat abgelöst. Die Leinenkultivierung ist in Asien stark verbreitet, mittlerweile wird auch in Europa damit experimentiert, vor allem im Bassin de Thau (Frankreich) und in Irland.

Die Leinenkultivierung kann auch in Gebieten eingesetzt werden, in denen es keine flachen Gezeitenzonen gibt. Darüber hinaus ist der Platzbedarf geringer als bei der Tischkultivierung, da die dritte Dimension des Meeres ausgenützt wird. Nachteilig ist, dass die Bewirtschaftung nicht im Trockenen erfolgen kann.

Floßkultivierung

Die Floßkultivierung ähnelt der Leinenkultivierung, allerdings werden die Austern nicht an Leinen gezogen sondern in Säcken oder Kisten, die von einem Floß ins Wasser gehängt werden. Damit ist eine noch größere Bestandsdichte als bei der Leinenkultivierung möglich, der Arbeitsaufwand ist geringer. Allerdings entwickeln die Austern in den engen Behältern oft eine unansehnliche Schale. Dies ist in Asien ohne Bedeutung, da meist nur das Fleisch der Austern in den Handel kommt. Für die Zucht von „Schlürfaustern“ ist die Methode weniger geeignet.

Veredelung

Die „Fleischaustern“ aus Leinen- oder Floßkultivierung können nach der Ernte sofort verarbeitet bzw. verkauft werden. Bei kulinarischen „Schlürfaustern“ ist eine Verfeinerung üblich und in manchen Ländern vorgeschrieben. So müssen beispielsweise in Großbritannien die Austern für mindestens 42 Stunden in Tanks gereinigt werden, deren Wasser durch UV-Bestrahlung sterilisiert worden ist.

In anderen Ländern – vor allem in Frankreich – dient die Nachbehandlung der Verfeinerung des Geschmacks (*affinage*). Die Austern werden für einige Wochen oder Monate in Klärbecken (*claires*) gereinigt, damit ein allfälliger schlammiger Geschmack verschwindet. Sie kommen dann als *„fines de claire“* in den Handel, nach besonders langer Klärung auch als *„spéziales de claire“*. Austern, die ohne jede Klärung direkt von den Austernparks in den Handel gebracht werden, heißen *„huîtres de parc“*.

Nach der Klärung werden französische Austern nicht selten „an die frische Luft“ (*au grand air*) gesetzt. Sie kommen in Becken, in denen Wasser in unregelmäßigen Abständen ein- und ausgelassen wird. Normalerweise öffnen sich in Tischkultivierung gezogene Austern bei Flut und schließen sich wieder bei einsetzender Ebbe. Dieser gleichförmige Rhythmus wird den Tieren abtrainiert, damit sie während des Versands im Trockenen keinesfalls die Schalen öffnen.

Austernzucht weltweit

Spanien

Spanien liegt mit einer Austernproduktion von ca. 3.100 Tonnen (2003) an vierter Stelle hinter Frankreich, Irland und den Niederlanden. Der Wert der Austernproduktion beträgt ca. 7,5 Millionen Euro pro Jahr. Bemerkenswert ist, dass der Großteil der Produktion (2.400 Tonnen, 2003) auf die Europäische Auster (Ostrea edulis) entfällt – Spanien ist damit der weltgrößte Produzent dieser Austernart. Die spanischen Austern werden überwiegend im Land verbraucht, kleine Mengen werden nach Italien exportiert.

Spanische Küste

Frankreich

Im Jahr wurden in Frankreich etwa 125.000 Tonnen Austern produziert. Im europäischen Maßstab ist Frankreich damit das bedeutendste Herkunftsland für Austern; 88 Prozent aller europäischen Austern kommen von dort. Im globalen Vergleich relativiert sich das etwas, Frankreichs Anteil an der Weltproduktion beträgt lediglich 2,5 Prozent. Da Austern in Frankreich traditionell zur Weihnachtszeit gegessen werden, entfällt fast die Hälfte des Jahresumsatzes auf den Monat Dezember (60.000 t).

Austern kommen in Frankreich nahezu ausschließlich als frische Ware (lebend) auf den Markt. Austern in Konserven oder derivate Produkte aus Austern werden kaum produziert. Rund 99 Prozent der Produktion entfällt auf die Pazifische Felsenauster (Crassostrea gigas). Die Europäische Auster (Ostrea edulis) ist ein Nischenprodukt, die Jahresproduktion beträgt ca. 1.000 Tonnen. Die überwiegende Mehrheit der Austern wird in Frankreich selbst konsumiert. Etwa 6.500 Tonnen werden exportiert, davon zwei Drittel (4.260 t) nach Italien (2005). In der Exportstatistik folgen dann mit deutlichem Abstand Belgien (650 t), Deutschland (390 t) und die Schweiz (220 t) (2004). Frankreich importiert rund 6.600 t aus dem Ausland, davon 3.400 t aus Irland und 1.400 t aus England. Ein Teil dieser Importe wird über den Feinkost-Großhandel wieder re-exportiert.

Austernkultur in Cancale

Hinsichtlich der Kultivierung von Austern wird Frankreich in acht Regionen eingeteilt, wobei in der Literatur üblicherweise Korsika vergessen wird.

Normandie

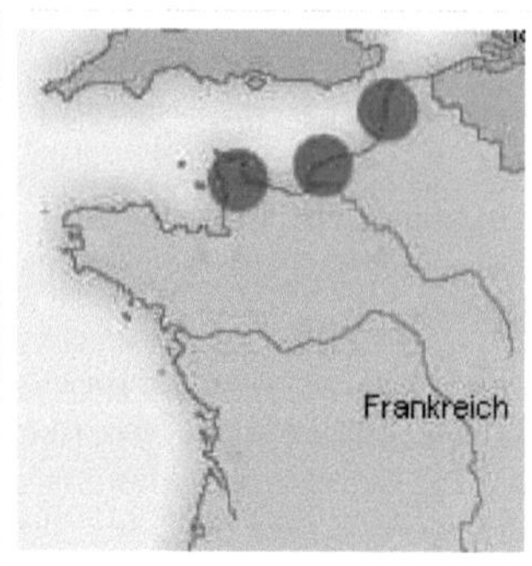

In der Normandie herrschen die stärksten Gezeiten Europas, der Tidenhub beträgt bis zu 14 Meter, und bei Ebbe zieht sich das Meer um bis zu sechs Kilometer zurück. Hier herrschen sehr günstige Bedingungen für die Austernproduktion. Auf 1.200 Hektar Fläche werden pro Jahr 27.000 Tonnen Austern produziert (2004), die Normandie ist damit mengenmäßig in Frankreich die zweit wichtigste Region nach Poitou Charentes. Praktisch die gesamte Produktion entfällt auf die Pazifische Felsenauster (*creuse*), die Europäische Auster (*plate*) ist nahezu ausgestorben. Trotz ihrer wirtschaftlichen Bedeutung sind die Austern der Normandie wenig bekannt, selbst in Frankreich. Die Austernkulturen erstrecken sich fast entlang der gesamten Küste, von der belgischen Grenze bis zur Grenze zur Bretagne, bei Mont-Saint-Michel. Bedeutend ist vor allem die Halbinsel Cotentin, also die Gegend südlich und östlich von Cherbourg.

Nördliche Bretagne

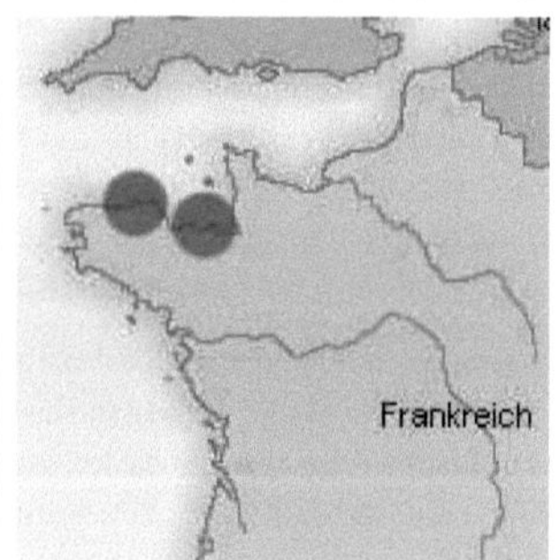

Wie in der Normandie herrschen auch in der Bretagne sehr starke Gezeiten; die Gezeitenzone eignet sich sehr gut für Austernzucht. Seit einiger Zeit werden Austern allerdings auch im tieferen Wasser gezüchtet. Pro Jahr werden 22.000 Tonnen Austern produziert; hauptsächlich die Pazifische Felsenauster. Die meisten französischen *plates* (800 t) in der nördlichen Bretagne produziert. Austernzucht gibt es entlang der gesamten Nordküste, von Brest im Westen bis zur Grenze der Normandie bei Mont-Saint-Michel.

Südliche Bretagne

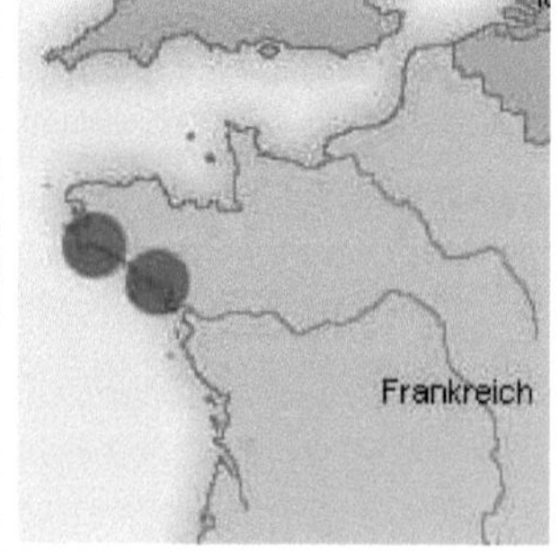

Die Südküste der Bretagne ist zerklüftet, zahlreiche Flüsse und Bäche entwässern in den Atlantik und bringen wertvolle Nährstoffe mit. Die Bedingungen sind daher sehr günstig. Austern werden sowohl in der Gezeitenzone kultiviert als auch in tieferem Wasser. Die Jahresproduktion beträgt 21.000 Tonnen (2004) der Pazifischen Felsenauster und zusätzlich 200 Tonnen der Europäischen Auster. Bretonische Austern genießen großes Ansehen. Besonders geschätzt werden die „creuses" von der Rivière d'Etel, von der Halbinsel Quiberon und vom Golf von Morbihan. Die berühmteste Austernzucht der Bretagne befindet sich an der Mündung des Flusses Belon, südlich der Stadt Pont-Aven. Hier werden neben normalen Pazifischen Felsenaustern die Europäischen Austern (*plates*) gezüchtet.

Pays de Loire

An der Atlantikküste südlich der Loire-Mündung werden jährlich 9.000 Tonnen Austern produziert; nahezu ausschließlich Pazifische Felsenaustern. Die Produktion erstreckt sich im Norden von der Loire-Mündung bis zur Bucht von Bourgneuf, an den Küsten der gegenüberliegenden Insel Noirmoutier, und im Süden an der Küste bei L'Aiguillon-sur-Mer. Die Austern sind als „Huîtres Vendée Atlantique" und als „Huître Pertuis" bekannt. Sie werden vorwiegend lokal konsumiert.

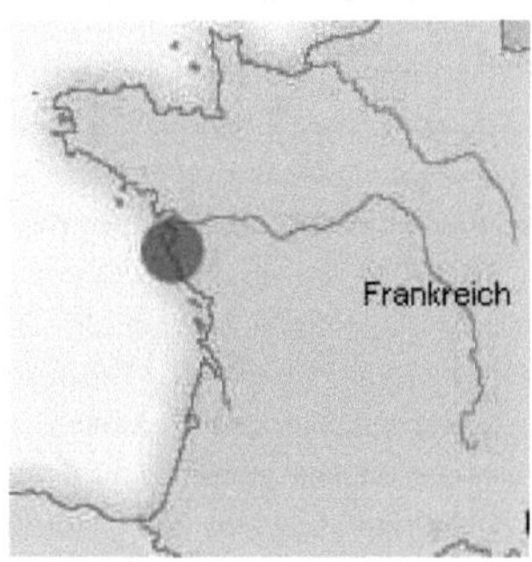

Poitou Charentes

In diesem Sektor der Atlantikküste findet sich die mengenmäßig bedeutendste Austernproduktion Europas. Die Jahresproduktion beträgt 30.000 Tonnen der Pazifischen Felsenauster (2004). Die Region Poitou Charentes erstreckt sich von La Rochelle im Norden bis zur Mündung der Gironde und schließt die Insel „Île de Ré" ein. In dieser Region befindet sich die bedeutendste Austernzucht Frankreichs in der Subregion „Marennes-Oléron". Diese umfasst die Atlantikküste von Port-des-Barques im Norden bis Ronce-les-Bains im Süden („Côte Atlantique") sowie die Ostküste der Insel Oléron in der Gegend von Château-d´Oléron („Ile d´Oléron côte est"). Südlich von Marennes befinden sich in der Bucht des Flusses Seudre („Vallée de la Seudre") eine große Zahl von Klärbecken (*claires*). Die Austernzucht vom Marennes-Oléron umfasst 2.500 ha Austernparks und 3.000 ha Klärbecken. 450 Betriebe sind mit der Aufzucht von Austern beschäftigt, 700 Betriebe mit der Veredelung. Der Jahresumsatz der Region beträgt ca. 200 Millionen Euro. Die Nährstoffe für die Austern werden unter anderem von den Flüssen Charente und Seudre zugeführt. Die mikroskopische Alge Navicula ostrearia findet sich hier häufig, sie gibt den Austern in den Klärbecken eine charakteristische smaragdgrüne Farbe („Fines de claires verte"). Besonders hochwertige Austern werden als „Label Rouge" angeboten. Eine weitere Besonderheit sind die bei Feinschmeckern begehrten Austern von Gerard Gillardeau. Die namentliche Nennung des Austernzüchters ist sehr ungewöhnlich, da Meeresfrüchte normalerweise ohne Angabe des Erzeugers vermarktet werden.

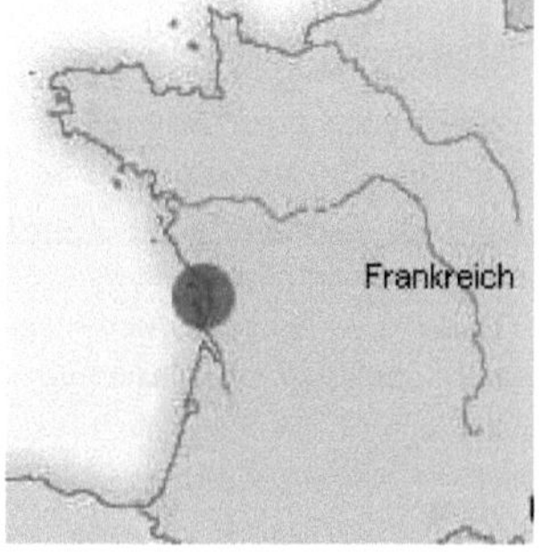

Arcachon

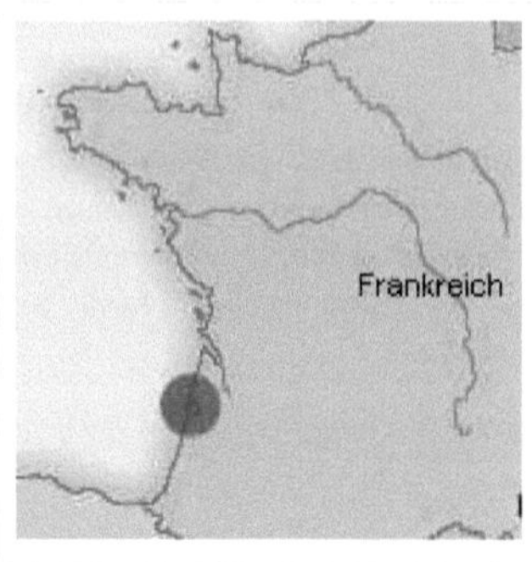

In diesem südlichen Teil der französischen Atlantikküste werden von 350 Betrieben 9.000 Tonnen Austern pro Jahr produziert (2004), ausschließlich die Pazifische Felsenauster, die als „Huître Arcachonnaise" vermarktet wird. Austernkulturen finden sich grundsätzlich entlang der gesamten Küste von der Gironde-Mündung im Norden bis zur spanischen Grenze im Süden. Das Zentrum der Austernzucht befindet sich in der Bucht von Arcachon, 50 km südwestlich von Bordeaux. Die Bedeutung dieser Region liegt weniger in der Produktion fertiger Austern als in der Aufzucht junger Saataustern. In dem reinen und relativ warmen Wasser der Bucht von Arcachon entwickeln sich junge Austern besser und verlässlicher als im kühleren Norden. Die Saataustern von Arcachon werden im Alter von acht bis zehn Monaten vom Substrat gelöst und vermarktet. Sie sind in diesem Alter rund fünf Zentimeter groß. Mit diesen Austern werden die Zuchtparks in Nordfrankreich und Irland beliefert, die stark vom Nachschub aus Arcachon abhängig sind.

Mittelmeer

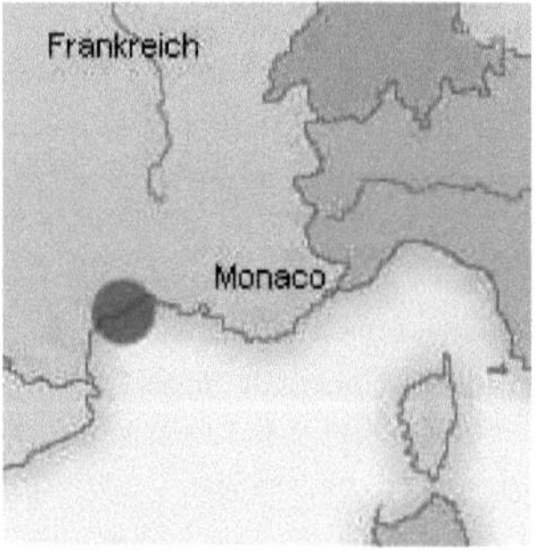

Die Mehrheit aller französischen Austern stammt aus dem Atlantik, ein kleiner Teil (10.000 t) allerdings aus dem Mittelmeer (2004). Die Austernzucht konzentriert sich auf die Gegend zwischen Béziers im Westen und Montpellier im Osten, und hier vor allem auf das Bassin de Thau. Dieses Salzwasserbecken umfasst 7.500 ha und wird aus diversen Zuflüssen mit nährstoffreichem Süßwasser versorgt. Produziert wird die Pazifische Felsenauster. Da die Gezeiten im Mittelmeer wesentlich geringer ausfallen, werden die Austern hier nicht in der Gezeitenzone kultiviert, sondern im tieferen Wasser. Sie wachsen auf Muschelschalen heran die an Seilen oder Netzen befestigt sind und von Flößen ins Wasser hängen. Die begehrtesten Austern stammen aus dem Dorf Bouzigues, bekannt sind auch jene aus den Ortschaften Mèze, Marseillan und Sète.

Korsika

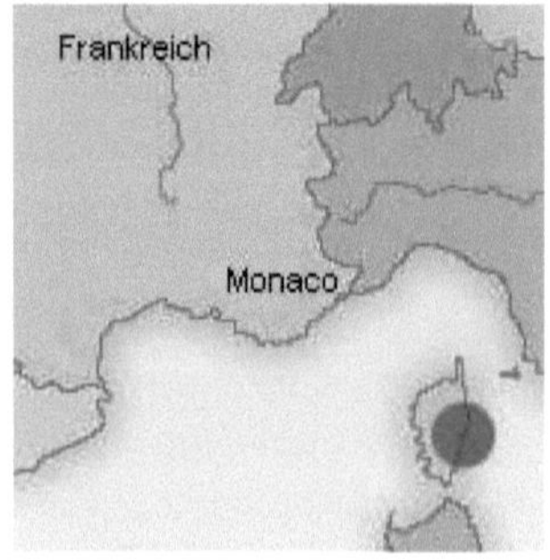

Napoléon Bonaparte war – als Lokalpatriot – ein großer Liebhaber korsischer Austern, er ließ sich zweimal pro Woche eine Lieferung kommen. Heute ist die Austernproduktion in Korsika wenig bedeutend. Die Pazifischen Felsenaustern werden meist von Saataustern aus Arcachon gezogen. Die Austernparks finden sich an der Ostküste Korsikas. Die Austern aus der Bucht Étang de Diane werden wegen ihres Haselnussgeschmacks geschätzt. Weitere Austernkulturen gibt es in den Buchten Étang d'Urbinu und Étang de Biguglia.

Belgien

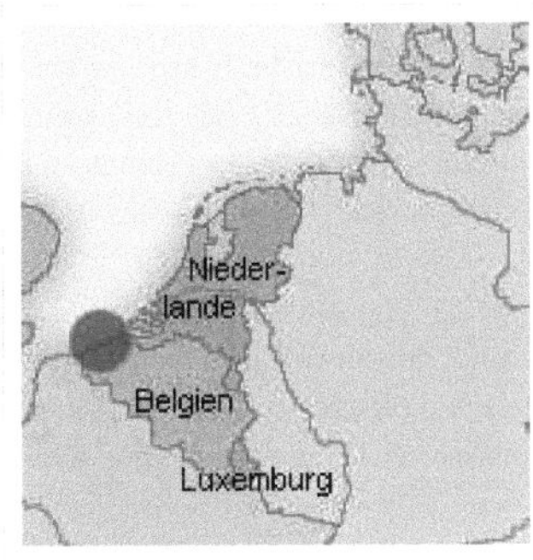

Austernfischerei lässt sich in Belgien bis ins Jahr 1733 zurück nachweisen, sie ist im 20. Jahrhundert weitgehend zum Erliegen gekommen. In der Gegend von Oostende gibt es mittlerweile Austernzucht in kleinerem Umfang. Diese Europäischen Austern werden folglich als „Oostende" vermarktet. Die Produktion ist allerdings so gering, dass sie von der FAO nicht statistisch erfasst wird. Belgien hat in Europa den höchsten Pro-Kopf-Verbrauch an Austern. Dieser wird hauptsächlich durch Importe aus Frankreich abgedeckt, in geringerem Maß auch aus den Niederlanden und Großbritannien.

Niederlande

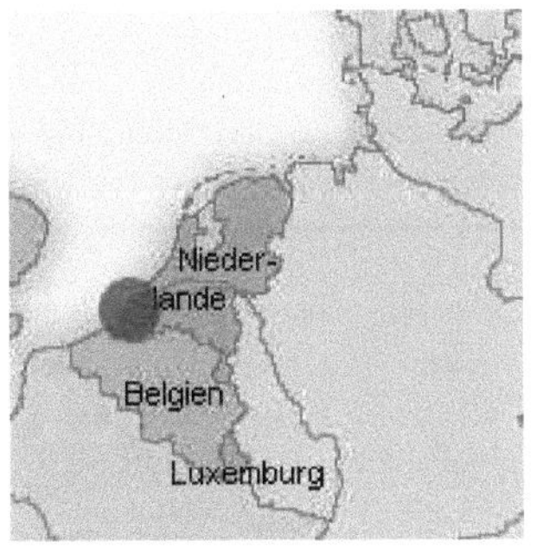

In den Niederlanden werden jährlich 3.250 Tonnen Austern produziert (2003), das ist in Europa der dritte Rang hinter Frankreich und Irland. Austernzucht wird in den Niederlanden seit 1987 betrieben. Sie findet sich vorwiegend in der Region Zeeland, vor allem im südöstlichen Teil der Oosterschelde (1.470 ha) und im Grevelingenmeer (375 ha). Die Austernfarmen werden durch den Oosterschelde-Damm geschützt, der zwar das Spiel der Gezeiten zulässt, aber bei Sturm geschlossen wird. Das Zentrum der Austernzucht ist die Ortschaft Yerseke. In Zeeland produzieren rund 30 Betriebe jährlich Austern im Wert von ca. 6 Millionen Euro (2003). Niederländische Austern kommen üblicherweise unter der Bezeichnung „Zeeland-Austern" auf den Markt. Ursprünglich wurde in den Niederlanden die Europäische Auster gefischt. Durch das Auftreten des Virus *Bonamia Ostreae* wurden aber die Bestände stark dezimiert und durch den katastrophal kalten Winter 1962/63 fast vernichtet. In den 1970er-Jahren wurde – wie in Frankreich – die Pazifische Felsenauster eingeführt, die nun den größten Anteil an der Austernzucht hat. Es werden aber nach wie vor auch Europäische Austern gezüchtet, sie machen derzeit mit 250 Tonnen sieben Prozent der Produktion aus (2003). Sie gelten als teure Spezialität und werden mehrheitlich nach Belgien und Frankreich exportiert, meist unter dem Markennamen „Imperiales".

Ausgehend von den Austernfarmen haben sich in den Küstenbereichen der Oosterschelde beträchtliche Mengen an verwilderten Austern festgesetzt. Das Trockengewicht dieser Austernbestände wird auf 150.000 Tonnen geschätzt (2000), eine wirtschaftliche Nutzung erfolgt derzeit aber nicht. Die Verbreitung der wilden Pazifischen Felsenaustern reicht bereits bis nach Sylt.

Deutschland

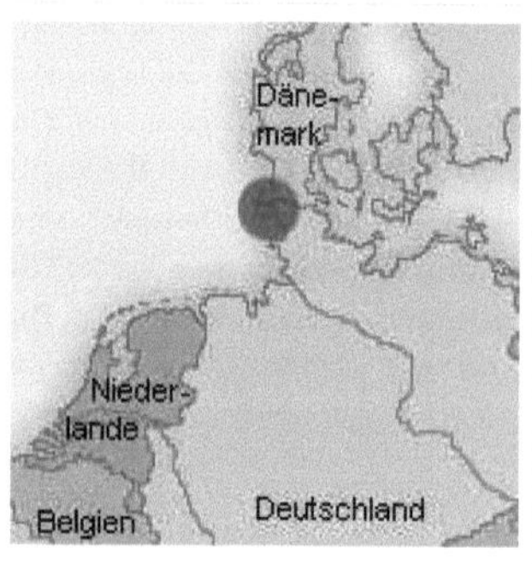

In Deutschland gibt es in List auf der Insel Sylt eine Austernproduktion. Mit dieser Austernzucht begann die *Dittmeyer´s Austern-Compagnie* 1986, bei einer jährlichen Produktion von 10 Tonnen. Seit 18 Jahren liegt die im Jahr produzierte und verkaufte Menge bei 80 Tonnen, das sind 1 Million Stück. Der Umsatz der Austernzucht beträgt ca. 700.000 Euro (2006). Die Saataustern kommen normalerweise aus irischen Zuchtbetrieben. Im Winter werden die Austern aus dem Watt genommen und in überdachte Becken gebracht, um sie vor oftmals auftretendem Eisgang zu schützen. Die Austern kommen unter dem Markennamen „Sylter Royal“ in den Handel. Ursprünglich gab es umfangreiche natürliche Austernbestände im Wattenmeer, die aber durch Überfischung in den 20er Jahren des letzten Jahrhunderts vernichtet worden sind. Seitdem haben sich zahlreiche Privatleute, aber auch staatliche Stellen, wie die Bundesanstalt für Fischerei, vergeblich bemüht, Austern in Nordfriesland wieder heimisch zu machen. Seit 1992 breitet sich die Pazifische Felsenauster wieder rasch aus, ausgehend von niederländischen Betrieben und in geringem Umfang auch von Dittmeyer's Austern-Compagnie auf Sylt. Die kommerzielle Nutzung dieser Bestände ist verboten, da sie im Nationalpark Wattenmeer liegen. Manche Biologen sehen in der raschen Verbreitung der Pazifischen Felsenauster eine Bedrohung des biologischen Gleichgewichts im Wattenmeer, Andere weisen darauf hin, dass das Wattenmeer zeitgeschichtlich ein sehr junger Lebensraum ist, in dem sich jedes Jahr viele neue Arten ansiedeln. Der Jahresverbrauch an Austern beträgt in Deutschland knapp 500 Tonnen, überwiegend abgedeckt durch Importe aus Frankreich und Irland.

Im Jahr 2001 hat die Firma Dittmeyer den Antrag gestellt, um diese wilden Austern einzusammeln und kommerziell zu nutzen. Der Antrag wurde 2004 aus Umweltschutzgründen abgelehnt. Kurze Zeit darauf erlaubte das Nationalparkamt allen Inhabern von Fischereischeinen, pro Tag bis zu zehn Liter Austern für den Eigenbedarf zu sammeln. Mit dem Argument der Gleichbehandlung hat nun die Firma Dittmeyer´s Austern-Compagie ein Gerichtsverfahren angestrengt, um ebenfalls die Genehmigung zum Sammeln von Austern zu erhalten. Das Verfahren wurde gewonnen, die Firma Dittmeyer´s Austern-Compagnie darf nun Jungaustern (bis max. 50 Gramm) kommerziell sammeln.

Dänemark

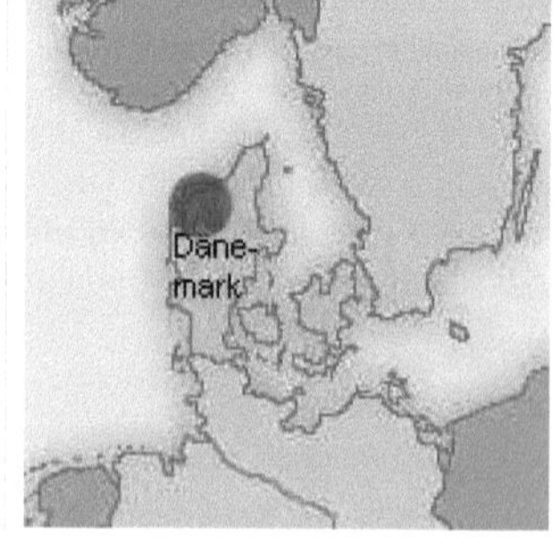

In der großen Bucht Limfjord im Norden Dänemarks wurden vor einiger Zeit steinzeitliche Siedlungen entdeckt und erforscht. Nach Berechnungen der Archäologen haben sich die Menschen der Steinzeit von Austern ernährt und in der Zeit von 4600 bis 4000 v. Chr. rund 20 Millionen Austern verspeist. Auch heute noch werden im Limfjord Europäische Austern gefischt. Nachdem – wie überall in Europa – diese Austernart stark zurückgegangen ist, konnten nach einer kräftigen Aussaat im Jahr 1997 ab 2002 wieder große Mengen der Europäischen Auster eingebracht werden. Die Austern wachsen „wild“ am Boden heran und werden nach ca. fünf Jahren abgefischt. Sie kommen normalerweise als „Limfjord“ in den Handel und gelten als sehr hochwertig. Die FAO gibt die Jahresproduktion für 2003 mit 876 Tonnen an.

Großbritannien

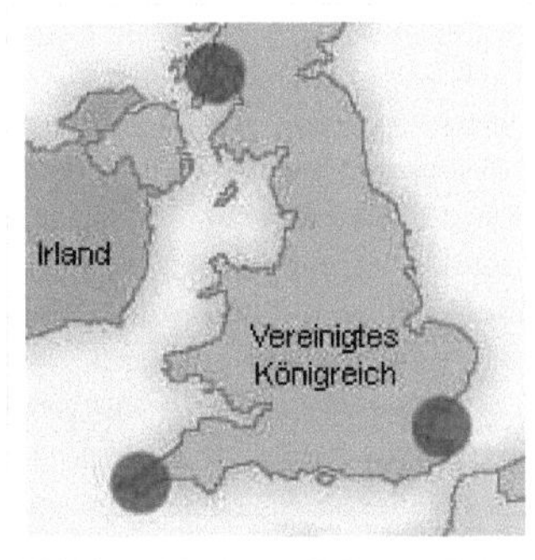

In Großbritannien gab es einst bedeutende Austernfischerei, die sich vor allem auf die Themsemündung konzentrierte. Im Jahr 1864 wurden in London 500 Millionen Austern verkauft. Durch Überfischung und Umweltverschmutzung ist die Austernproduktion stark zurückgegangen. Derzeit werden 1.900 Tonnen pro Jahr produziert (2003), hauptsächlich die Pazifische Felsenauster. Wie auch in anderen Ländern ist die traditionelle Europäische Auster am Aussterben, es werden nur mehr 800 Tonnen pro Jahr auf den Markt gebracht (2003), davon 70 Tonnen aus der Region Colchester. Da Pazifische Felsenaustern in den kalten Gewässern rund um England nur selten laichen, werden die Kulturen oft mittels Saataustern aus wärmeren Gewässern angelegt. Im Winter müssen die Austern in geschützte Becken gebracht werden. Die Europäische Auster laicht auch in kühlem Wasser und findet sich in natürlichen Austernbänken. Es gibt in England daher neben der Austernzucht auch traditionelle Austernfischerei. Englische Austern müssen vor dem Verkauf für mindestens 42 Stunden in Tanks gereinigt werden, deren Wasser durch UV-Bestrahlung sterilisiert worden ist. Die Austernzucht findet sich in der Themsemündung südlich von Colchester bei der Ortschaft West Mersea (Essex), außerdem bei Whitstable (Kent) und in der Mündung des Flusses Helford bei der Ortschaft Porth Navas (Cornwall). Als lokale Kuriosität werden im Helford noch Segelschiffe zum Austernfang eingesetzt. Im Solent, der Meerenge zwischen der englischen Südküste und der Isle of Wight existieren bedeutende Vorkommen der Europäischen Auster. Durch Gewässerverschmutzung ist die Austernfischerei in diesem Gebiet aber stark behindert, sie wird zeitweise sogar behördlich verboten. Die Austernfischerei in Wales (bei Swansea und Milford Haven) ist derzeit nicht aktiv. In Schottland existiert eine Zucht Pazifischer Felsenaustern an der Mündung des Loch Fyne. Schottische Austern werden lokal konsumiert, ein kleiner Teil wird in die Schweiz exportiert. Pazifische Felsenaustern konnten früher in Schottland kaum gezüchtet werden, da sie im kalten Wasser nicht laichen. Durch die Verfügbarkeit von Saataustern aus Zuchtbetrieben ist dieses Problem aber gelöst. Die zahlreichen tiefen Buchten und das saubere Wasser machen Schottland zu einem idealen Gebiet für Austernzucht. Dieses Potenzial wird aber derzeit mangels Inlandsnachfrage nicht genutzt. Die Europäische Auster hat in Schottland keine wirtschaftliche Bedeutung mehr. Die geringen, noch existierenden Bestände werden häufig illegal geplündert. Englische Austern – vor allen die flache Europäische Auster – sind eine Rarität und werden hoch gehandelt. Je nach Herkunft werden drei Arten unterschieden: „Whitstable“, „Helford“ und „Colchester“, die der französischen Belon ähnlich ist.

Irland

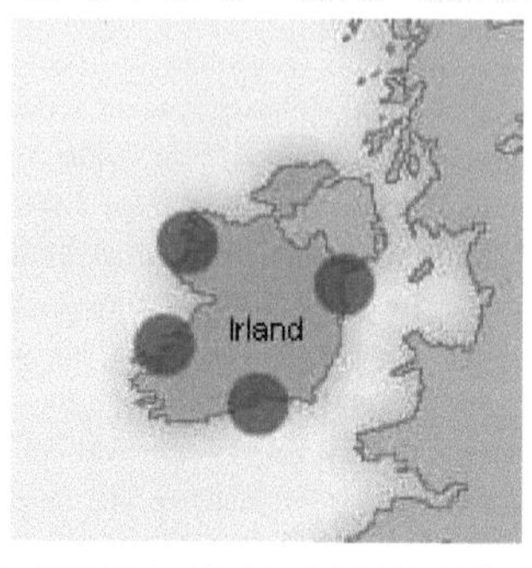

Das klare und saubere Wasser rund um Irland bietet gute Bedingungen für die Austernzucht. Die Republik Irland ist der zweitgrößte Austernproduzent in Europa, mit einer jährlichen Menge von 5.500 Tonnen (2004). Die irische Austernzucht befindet sich in einer Phase der Expansion, es wird kurzfristig eine Verdopplung der Produktion angestrebt. Auch in Irland überwiegt die Pazifische Felsenauster, die von 149 Betrieben gezüchtet wird. Die Europäische Auster hat nur mehr einen Anteil von 5,5 Prozent, sechs Betriebe bringen pro Jahr 390 Tonnen ein (2004). Insgesamt sind in Irland 760 Menschen in der Austernzucht beschäftigt, die meisten im Nebenerwerb. Nur 3,5 Prozent der Austernproduktion werden in Irland selbst konsumiert. 85 Prozent der Austern werden nach Frankreich exportiert (2004), der Rest nach Italien, Spanien, Holland und Großbritannien. Irische Austern kommen oft als „Galway" oder „Cork" in den Handel.

Galway, Irland

Die Pazifische Felsenauster wird zumeist in der Gezeitenzone auf Tischen kultiviert. Derzeit laufen auch Versuche mit andern Formen der Bewirtschaftung, vor allem der Langleinenzucht im tieferen Wasser. Dadurch soll eine weitere Steigerung der Qualität und eine Reduzierung der Kosten erwirkt werden. Die Europäischen Austern werden in kontrollierten Parzellen am Meeresgrund gezüchtet und abgefischt. Sie erbringen mit € 4.200 pro Tonne (2004) einen höheren Ertrag als die Pazifische Felsenauster (€ 2.300 pro Tonne). Die bedeutendste irische Austernzucht befindet sich in Dungarvan Harbour (Waterford), mit einer Jahresproduktion von 1.200 t (2002). Die Grafschaft Waterford liefert 1.600 t Austern, Donegal und Mayo je 600 t, Kerry 580 t, Cork 500 t, Louth 400 t, Galway 360 t, Clare 230 t, Wexford und Sligo je ca. 100 t. In Kilkenny, Roscommon, Tipperary und Carlow werden keine Austern gezüchtet. Die Ortschaft Carlingford (Louth) bezeichnet sich als Austernhauptstadt Irlands. In Nordirland findet sich Austernzucht vor allem im Larne Lough (Antrim). Jedes Jahr werden in Irland die besten Austernzüchter mit dem „BIM Guinness Quality Oyster Award" ausgezeichnet. Zudem gibt es einen Wettbewerb mit dem Namen „BIM Guinness Irish Quality Oyster Award Poetry Competition". Schließlich gibt es in Galway den jährlichen Bewerb im Austernöffnen. Dabei müssen 30 Austern in möglichst kurzer Zeit geöffnet werden; der Rekord steht bei 91 Sekunden.

Sonstiges Europa

Auf den Kanalinseln werden pro Jahr 575 Tonnen der Pazifischen Felsenauster produziert und in Portugal 325 Tonnen, fast ausschließlich in Aquakultur. Die Europäische Auster wird in Griechenland, Kroatien und Bosnien in kleiner Menge (weniger als 100 Tonnen) gefischt, und in Schweden und Norwegen in sehr kleiner Menge (weniger als 10 Tonnen).

Japan

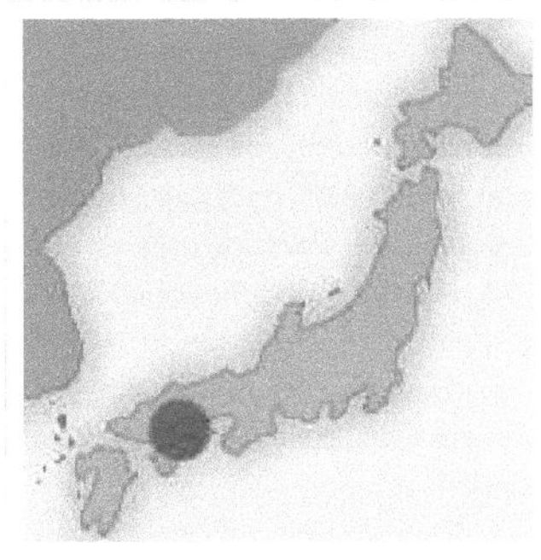

Austern werden in Japan seit Jahrhunderten kultiviert. Dabei wurden meist in der Gezeitenzone Bambusstäbe in den Boden getrieben, an denen sich Jungaustern festsetzen konnten. Nach 1920 wurde die Technik der Austernkultivierung durch die Erfindung der Langleinenzucht revolutioniert. Die Austern wachsen an rund 10 Meter langen Leinen heran, die von Flößen ins Wasser hängen. Mit dieser Methode können bis zu 20 Tonnen Austern pro Hektar und Jahr produziert werden. Saataustern kommen normalerweise nicht zum Einsatz, die natürliche Reproduktion der Austern ist ausreichend. Der Großteil der japanischen Austernzucht findet sich in der Bucht von Hiroshima. Hier herrschen sehr günstige Bedingungen: Die Bucht ist durch das umliegende Terrain klimatisch geschützt, der Tidenhub von 2,5 Meter sorgt für eine ausreichende Wasserzirkulation und die Bucht ist auch im Winter eisfrei. Gefährlich können lediglich von Zeit zu Zeit Taifune werden. Es wird ausschließlich die Pazifische Felsenauster gezüchtet, die Jahresproduktion beträgt 261.000 Tonnen (2003). Die Austern werden im Alter von 16 bis 21 Monaten geerntet und sofort geöffnet. Das Austernfleisch wird entweder frisch verkauft oder in Konserven gefüllt. Der Verkauf ganzer, lebender Austern ist nicht üblich.

Südkorea

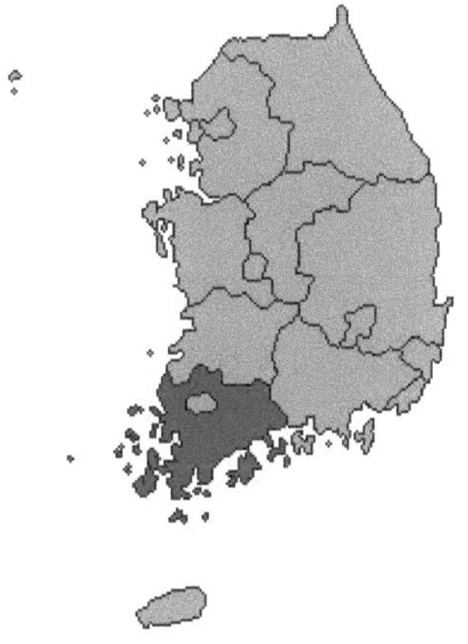

In der Republik Korea (Südkorea) wurde früher Austernfischerei betrieben, wobei meist Steine am Meeresboden als Substrat dienten. In den 1970er Jahren wurde mit staatlicher Unterstützung das japanische System der Langleinenzucht eingeführt und die Produktion damit drastisch gesteigert. Um 1985 war Korea der führende Austernproduzent der Welt, mittlerweile ist das Land hinter China und auch knapp hinter Japan zurückgefallen, die Jahresproduktion beträgt 259.000 Tonnen (2003). Die meisten Austernzuchten finden sich in geschützten Buchten an der Südküste, vor allem in der Provinz Jeollanam-do. Es wird die Pazifische Felsenauster gezüchtet und wie in Japan als Austernfleisch vermarktet.

China

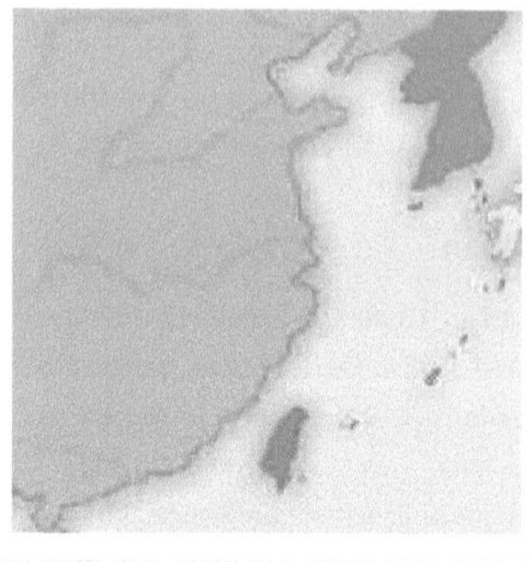

Schon vor 2.000 Jahren soll in China Austernzucht betrieben worden sein. Üblicherweise wachsen die Austern an Bambusstäben heran, die in der Gezeitenzone eingeschlagen werden, seit dem 20. Jahrhundert auch an Betonpfosten. Gegen Ende der 1970er Jahre wurde die japanische Technik der Langleinenzucht auch in China eingeführt, was zu einer deutlichen Steigerung der Produktion führte. 1950 betrug die Austernproduktion 7.100 Tonnen, 1980 war sie bereits auf 220.000 Tonnen angestiegen und mittlerweile steht sie bei 3,7 Millionen Tonnen (2003). China ist damit mit weitem Abstand der größte Austernproduzent der Welt. Welche Spezies gezüchtet werden, ist nicht ganz klar. Nach den Statistiken der FAO wird die gesamte Produktion der Pazifischen Felsenauster zugeschrieben. Tatsächlich handelt es sich aber wahrscheinlich bei nicht unbeträchtlichen Teilen der Zucht um die Chinesische Auster (Crassostrea ariakensis), die Zhe-Auster (Crassostrea plicatula) und die Suminoe-Auster (Crassostrea rivularis). In China ist kein eigentliches Zentrum der Austernkultivierung auszumachen. Entlang der 18.000 Kilometer langen Küste gibt es viele geschützte Buchten, die von Flüssen mit Nährstoffen versorgt werden und sich sehr gut für Austernzucht eignen. Die Produktion wird fast ausschließlich in Form von Austernfleisch in China selbst vermarktet, die Inlandsnachfrage ist enorm.

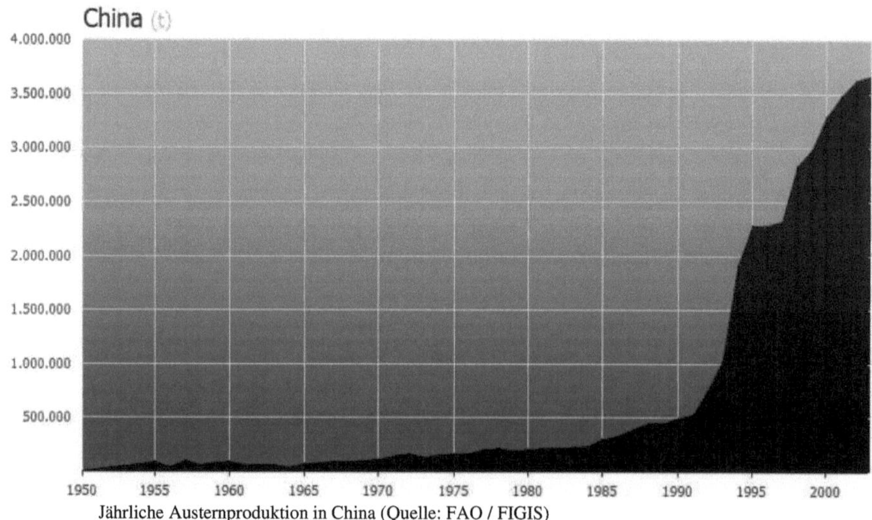

Jährliche Austernproduktion in China (Quelle: FAO / FIGIS)

Australien

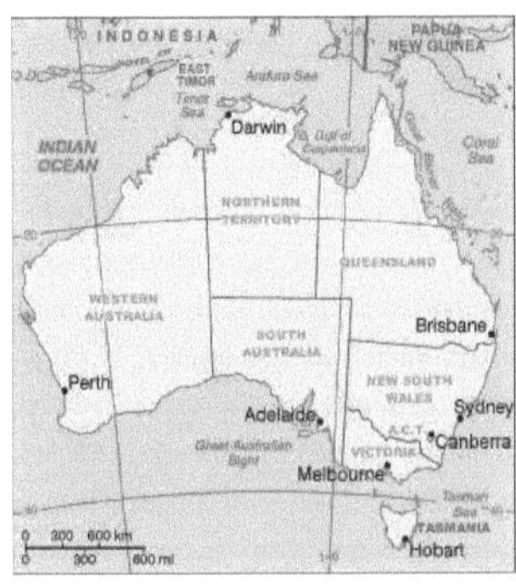

Austern haben in Australien eine lange Tradition. Dabei gibt es insgesamt fünf verschiedene Austernarten. Schon die Ureinwohner sammelten die Australische Flache Auster (Ostrea angasi) und die Sydney-Felsenauster (Saccostrea glomerata, früher: Saccostrea commercialis). Weitere australische Spezialitäten sind die Deckel-Auster (Saccostrea cucullata) und die tropische Auster Striostrea mytiloides. Schließlich wurde im 20. Jahrhundert die Pazifische Felsenauster eingeführt. Ab 1872 wurde mit einer kommerziellen Zucht der Sydney-Felsenauster in New South Wales und später in Queensland begonnen, die bis heute aktiv ist. Eine Besonderheit der Sydney-Felsenauster ist, dass sie im Trockenen viel robuster ist als zum Beispiel die Pazifische Felsenauster. Sie kann auch ungekühlt über einen längeren Zeitraum gelagert werden. Die Größenstufen heißen bei aufsteigender Größe „Cocktail", „Plate", „Bistro" und „Bottle". In den 1960er-Jahren wurde die robuste japanische Pazifische Felsenauster in Tasmanien eingeführt, wo sie sich gut entwickelte. Zehn Jahre später wurde sie auch in Südaustralien gezüchtet. Heute wird sie vor allem in fünf Regionen kultiviert: In der Murat Bay, der Smoky Bay, der Streaky Bay, der Coffin Bay und im Franklin Harbour. Die Größenstufen heißen „Bistro", „Buffet", „Standard", „Large" und „Jumbo". Australische Austern werden fast ausschließlich für den Gourmet-Markt produziert und frisch verzehrt. Sie werden mehrheitlich im Land selbst konsumiert, wobei die Nachfrage das Angebot übersteigt; sechs Prozent werden exportiert. Die gesamte Jahresproduktion betrug im Jahre 2003 9.900 Tonnen.

Neuseeland

Neuseeland

Neuseeland hat eine relativ kleine, aber hochwertige Austernproduktion. Ein Drittel aller Austern werden traditionell mit Schürfnetzen gefischt, vor allem im Bereich Nelson / Marlborough. Es handelt sich dabei um die Chilenische Auster (Ostrea chilensis), die als Gourmet-Auster auf den Markt kommt und zur Gänze im Land selbst konsumiert wird. Die Fangsaison dauert von Mitte März bis Ende August. Die Austernbestände leiden sehr unter dem Parasiten Bonamia, so dass in manchen Jahren die Fischerei ausgesetzt oder zumindest eingeschränkt werden muss. Ab dem Jahr 1967 wurde mit kommerzieller Austernzucht begonnen, wobei zunächst die heimische Sydney-Felsenauster (Saccostrea glomerata) kultiviert wurde. Ab 1971 wurden an den Rümpfen japanischer und koreanischer Schiffe Pazifische Felsenaustern eingeschleppt, die sich durch ihre Wüchsigkeit und Robustheit gegen die Sydney-Felsenauster durchgesetzt haben. Pazifische Felsenaustern werden auf 2.200 Hektar gezüchtet; sie machen heute zwei Drittel der Austernproduktion aus. Die größten Austernzuchten finden sich an der Nordinsel in der Bay of Islands, im Whangaroa Harbour, im Mahurangi Harbour und in der Gegend um Coromandel. Ein weiteres

Zentrum der Austernkultivierung ist die Foveaux Strait zwischen der Südspitze Neuseelands und Stuart Island. Die Hafenstadt Bluff liefert die in Neuseeland berühmten Bluff-Austern. Die gesamte neuseeländische Austernproduktion beträgt 2.700 Tonnen pro Jahr. (2003)

Mexiko

Schon die Maya wussten Austern zu schätzen, sie aßen sie nicht nur, sondern verwendeten auch den Kalk aus gemahlenen Austernschalen als Baumaterial. Noch heute besteht eine bedeutende Austernproduktion in Mexiko, wobei der Großteil gefischt und nur eine kleine Menge (3 %) gezüchtet wird. Austernfischerei wird vor allem an der Ostküste betrieben, in den zahlreichen Buchten innerhalb des Golf von Mexiko, von der Laguna Madre im Norden bis zur Laguna de Términos im Süden. Die Austern von der Laguna Tamiahua werden besonders geschätzt. An der Ostküste ist fast ausschließlich die Amerikanische Auster heimisch. Im warmen Wasser des Golfs wachsen diese Austern um einen Zentimeter pro Monat und erreichen so schon nach weniger als einem Jahr Marktgröße. Die Austern werden entweder mit Schürfnetzen gefischt, durch Taucher geborgen oder in der Gezeitenzone gesammelt. Sie werden normalerweise bereits auf den Booten geöffnet und die Schalen wieder ins Wasser geworfen, damit ausreichend Substrat für künftige Austerngenerationen zur Verfügung steht. Seit 1976 dürfen maximal 20 Prozent der Austern in der Schale auf den Markt gebracht werden. An der Westküste, in der Baja California, werden in geringem Ausmaß Pazifische Felsenaustern gezüchtet. Mexiko ist eines der wenigen Länder der Welt, in denen diese Austernart nicht dominant ist; der Anteil beträgt lediglich 2,4 Prozent. Die Nachfrage nach Austern ist in Mexiko normalerweise groß, wenn auch mit starken konjunkturellen Schwankungen. In einigen Küstenstrichen ist allerdings Gewässerverschmutzung ein Problem, Fälle von Vergiftungen durch Austern haben die Nachfrage zeitweise gedämpft und behindern auch den Export.

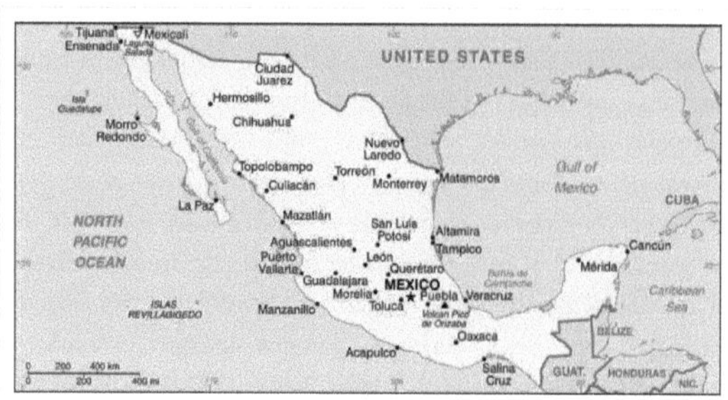

Mexiko

USA

Die USA sind ein mengenmäßig bedeutender Produzent von Austern. Etwa zwei Drittel davon entfällt auf die Ostküste der USA, wo hauptsächlich die Amerikanische Auster (Crassostrea virginica) kultiviert wird. Austernzucht gibt es entlang der gesamten Ostküste; die größten Mengen werden aber in den südlichen Bundesstaaten und im Golf von Mexiko produziert. Die Amerikanische Auster der Ostküste wird selten kultiviert, in der Regel werden Austernriffe mit Schleppnetzen (oyster tongs) abgefischt. Durch Überfischung und Gewässerverschmutzung gehen die Bestände aber zurück, vor allem in den nördlichen Bundesstaaten. Die bedeutendsten Austernvorkommen befanden sich ursprünglich in der Chesapeake Bay. Deren Namen leitet sich vom indianischen Namen „Chesepiook" ab, was sinngemäß „Großer Muschelfluss" bedeutet. Dort mischt sich das Salzwasser des Atlantiks mit nährstoffreichem Süßwasser unzähliger Zuflüsse, was sehr günstige Lebensbedingungen für die Austern schafft. Durch radikale Überfischung wurden aber rund 99 Prozent der Austernpopulation vernichtet. An der Westküste der USA wurden die heimischen Austernbestände schon im 19. Jahrhundert ausgerottet. In den 1920er-Jahren wurde die Pazifische Felsenauster aus Japan importiert, die durch schnellen Wuchs und Robustheit bald große Bestände bildete, und heute in Austernzuchten kultiviert wird. Die Pazifische Felsenauster macht heute 19 Prozent der Produktion aus, die Amerikanische Auster der Ostküste 81 Prozent. Die gesamte Jahresproduktion beträgt 228.000 Tonnen (2003). Austern werden in den USA teilweise als Gourmet-Austern (halfshell) geschlürft, zum Teil industriell verarbeitet. Die bekannteste Gourmet-Auster ist die „Cotuit", benannt nach dem gleichnamigen Austernzuchtbetrieb in Cape Cod. Eine weitere prominente Bezeichnung ist „Bluepoint". Der Name stammt ursprünglich vom Küstenstrich Blue Point auf Long Island (New York), wird aber heute für Austern unterschiedlichster Herkunft verwendet und ist einfach nur synonym für „gute Austern". In den USA werden auch kleine Mengen der Europäischen Auster (Ostrea edulis) sowie der japanischen Kumamoto-Auster (Crassostrea sikamea) produziert.

Kanada

In Kanada werden 14.000 Tonnen Austern pro Jahr produziert, zu ziemlich genau gleichen Teilen die Amerikanische Auster und die Pazifische Felsenauster. 90 Prozent der Austern stammen aus Austernkultur, 10 Prozent werden durch Austernfischerei gewonnen. Die Austernproduktion konzentriert sich im südwestlichen Teil des Sankt-Lorenz-Golfs, wo das Wasser für kanadische Verhältnisse warm ist. Das Zentrum findet sich auf der Prince Edward Island, speziell in der großen Bucht von Malpeque. Auch aus dem südlich der Malpeque-Bucht gelegenen Summerside Harbour kommen hochwertige Austern. Ein weiteres wichtiges Gebiet für Austernzucht ist die Bucht von Caraquet an der Küste von New Brunswick. Die Qualitätsstufen kanadischer Austern heißen in aufsteigender Folge „Commercial", „Standard", „Choice" und „Fancy". Gourmet-Austern werden oft nach dem Herkunftsort benannt, wobei neben der berühmten „Malpeque" auch die „Beausoleil", die „Caraquet" und die „Tatamagouche" existieren.

Zahlen und Daten

Pro Jahr werden weltweit 4,2 Mio. Tonnen Austern in Aquakultur produziert. Der überwiegende Teil davon kommt aus China, das bei einer Jahresproduktion von 3,7 Mio. Tonnen 81,6 Prozent Weltmarktanteil hat (2003). Auf den Plätzen folgen Japan, Nordkorea und Frankreich. In Europa folgt hinter Frankreich Irland, die Niederlande und Spanien. Nach Kontinenten gegliedert kommen 94 Prozent aller Zuchtaustern aus Asien und je 3 Prozent aus Europa und Nordamerika. Für die Austernzucht ist die robuste und schmackhafte Pazifische Felsenauster besonders geeignet, auf sie entfällt 93,7 Prozent der Weltproduktion (2003).

Austernkultur im Fluss Belon, Frankreich

Austernproduktion 2003 (Tonnen) in ausgewählten Ländern:

Land	**Produktion**	**Zucht (%)**
Dänemark	876	0,0
Deutschland	85	100,0
Frankreich	117.106	99,9
Irland	5.703	90,4
Niederlande	3.250	100,0
Spanien	3.127	99,7
Großbritannien	1.903	60,7
Europa gesamt	133.187	98,2
China	3.668.237	100,0
Japan	260.644	100,0
Korea (Republik)	258.527	92,2
Philippinen	14.610	99,3
Taiwan	23.462	100,0
Thailand	16.000	100,0
Asien gesamt	4.243.752	99,5
Australien	9.856	100,0
Neuseeland	2.692	68,4
Ozeanien gesamt	12.618	93,2
Kanada	12.618	89,7
Kuba	2.626	50,0
Mexiko	51.372	3,1
USA	228.283	47,6
Nordamerika gesamt	296.575	41,9
Brasilien	2.843	77,2
Chile	3.898	99,4
Venezuela	2.252	0,0
Südamerika gesamt	9.064	67,6
Südafrika	500	100,0
Afrika gesamt	980	85,9
Welt gesamt	**4.696.176**	**95,8**

Quelle: FAO/FIGIS

Literatur (Quellen)

- Peter Frese: Austern / Huitres / Oysters. Kulinarische Strandwanderungen. Hädecke 1994. ISBN 978-3-7750-0255-4.
- Mary Fr. Kennedy Fisher: Austern zum Beispiel. Anleitungen zum Umgang mit einer Delikatesse. Europäische Verlagsanstalt 1999. ISBN 978-3-434-50445-0.
- Patrick McMurray und Patrick MacMurray: Austern. Kleines Kompendium für Feinschmecker. Neuer Umschau Buchverlag 2007. ISBN 978-3-8652-8620-8.
- Rudolf Kilias: Austern. Ostreidae. Westarp Wissenschaften 2000. ISBN 978-3-89432-860-3.
- Ronald Gutberlet: Austern, Krabben, Krebs und Hummer. Hamburg 2001. ISBN 978-3-203-78309-3.
- Michael Türkay et al.: Muscheln und Austern. Warenkunde von Schalentieren, Küchenpraxis, Rezepte. Gräfe & Unzer 2002. ISBN 978-3-7742-4272-2.
- Rebecca Stott: Oyster (Animal). Reaktion Books 2004 (engl.) ISBN 978-1-86189-221-8.
- Mark Kurlansky: The Big Oyster: History on the Half Shell. Random House 2007 (engl.) ISBN 978-0-345-47639-5.
- Shirly Line: Oysters: A True Delicacy. Macmillan 1995 (engl.) ISBN 978-0-02-860376-6.
- George C. Matthiessen: Oyster Culture. Wiley-Blackwell 2001 (engl.) ISBN 978-0-85238-279-0.
- Philip M. Parker: The 2007 Import and Export Market for Oysters in France. ICON 2006 (engl.) ISBN 978-0-497-60447-9.

Weblinks

- Informationsseiten über Austern [1]
- Austern in Marennes-Oléron (franz.) [2]

References

[1] http://www.austern.com
[2] http://www.huitresmarennesoleron.info/

Regionaler_Naturpark_Landes_de_Gascogne

Der **Regionale Naturpark Landes de Gascogne** (französisch Parc naturel régional des Landes de Gascogne) liegt in der französischen Region Aquitanien in den Départements Landes und Gironde. Er erstreckt sich vom Becken von Arcachon bis in das Einzugsgebiet des Flusses Eyre.

Logo des Naturparks

Der 1970 gegründete Naturpark umfasst eine Fläche von 315.300 Hektar, die sich über 41 Gemeinden erstreckt. Die Parkverwaltung hat ihren Sitz in Belin-Béliet (44° 29′ 23″ N, 0° 47′ 26″ W [1]Koordinaten: 44° 29′ 23″ N, 0° 47′ 26″ W [1]).

Der Naturpark umfasst folgende Gebiete:

- Den Kiefernwald der Landes
  Er ist nur zu einem geringen Anteil natürlich entstanden. Besonders in den Küstengebieten wurde er in der zweiten Hälfte des 19. Jahrhunderts massiv ausgepflanzt.
- Das Tal des Flusses Eyre
  Zu beiden Seiten des Flusses erstreckt sich ein bedeutendes Ökosystem, das durch seine Feuchtgebiete charakterisiert ist. Der Flusslauf ist von Laubbäumen überwuchert, die einen eindrucksvollen Kontrast zu den angrenzen Föhrenwäldern bilden. Der Fluss kann mit Kanus befahren werden.
- Das Land am Becken von Arcachon
  Das Meerbecken mit seinen Gezeiten formt das Mündungsdelta des Flusses Eyre. Hier finden viele ortsansässige Vögel und besonders auch Zugvögel Nahrung und Unterschlupf. Der Vogelpark von Le Teich ermöglicht den Touristen eine Beobachtung dieser einzigartigen Tierwelt.

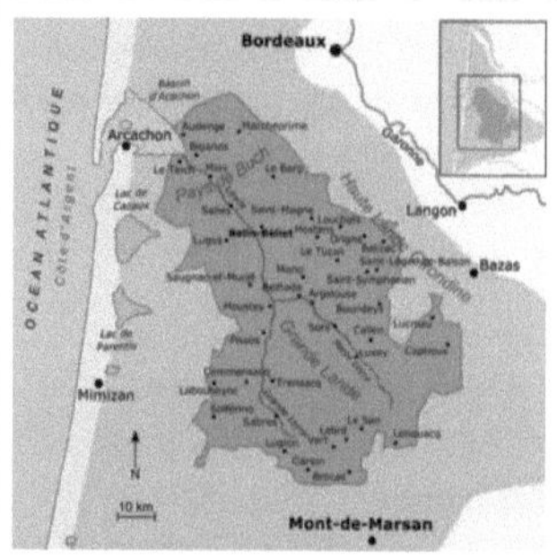

Karte des regionalen Naturparks Landes de Gascogne

Siehe auch

- Liste der regionalen Naturparks in Frankreich

Weblinks

- Informationen über den Naturpark [2] (französisch)

References

[1] http://toolserver.org/~geohack/geohack.php?pagename=Regionaler_Naturpark_Landes_de_Gascogne&language=de¶ms=44.4897222222_N_0.790555555556_W_region:FR-33_type:landmark

[2] http://www.parc-landes-de-gascogne.fr

Bordeaux

Bordeaux	
	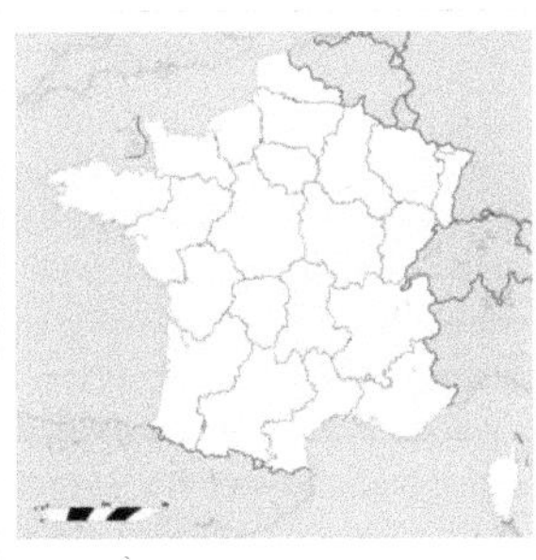
Wahlspruch *Lilia sola regunt lunam undas castra leonem* (Latein: Lilien allein beherrschen den Mond, die Wellen, die Festung und den Löwen)	
Region	Aquitanien
Département	Gironde
Arrondissement	Bordeaux
Kanton	Hauptort von 8 Kantonen
Koordinaten	44° 50′ N, 0° 35′ W [1]Koordinaten: 44° 50′ N, 0° 35′ W [1]
Höhe	10 m (1–42 m)
Fläche	49.36 km²
Einwohner	236725 (1. Jan 2009)
Bevölkerungsdichte	4796 Einw./km²
Postleitzahl	33000-33300, 33800
INSEE-Code	33063 [2]

Bordeaux [bɔʀ'do] (okzitan.: *Bordèu*) ist Universitätsstadt und politisches, wirtschaftliches und geistiges Zentrum des französischen Südwestens.

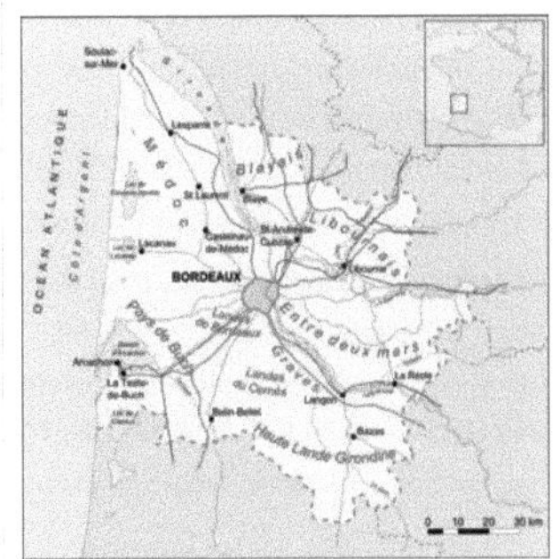

Bordeaux an der Gironde

Ihre Einwohner (Stand 1. Januar 2009) nennen sich *Bordelais*. Berühmtheit hat die Stadt insbesondere durch den Bordeauxwein und ihre Küche erlangt, aber auch durch ihr bauliches und kulturelles Erbe. Bordeaux ist Sitz der Präfektur des Départements Gironde und Hauptstadt der Region Aquitanien, ferner Sitz eines Erzbischofs und eines deutschen Konsulats.

Die Präfektur verwaltet auch das Arrondissement Bordeaux, das aus 33 Kantonen besteht. Gemeinsam mit 26 umliegenden Kommunen bildet

Bordeaux die Communauté Urbaine de Bordeaux (CUB), einen Kommunalverband mit etwa 660.000 Einwohnern. Dieser Verband ist wiederum Teil der Agglomeration, die den weiteren Einzugsbereich mit insgesamt 51 Kommunen umfasst und so auf 754.000 Einwohner kommt. Die *aire urbaine*, vergleichbar mit einer Metropolregion, zählt sogar 925.000 Einwohner (alle Angaben basieren auf der letzten Zählung 1999). Bordeaux ist die größte Stadt im Département Gironde und der Region Aquitanien und die neuntgrößte Stadt Frankreichs. Die Agglomeration rangiert in Frankreich an sechster Stelle.

Geographie

Bordeaux liegt im Südwesten Frankreichs, etwa 45 Kilometer vom Atlantik entfernt, an der Garonne, die sich in einem weiten Bogen durch die Stadt zieht. Diese Form einer Mondsichel verhalf der Stadt zum Namen *„Port de la lune"* (Hafen des Mondes). Einige Kilometer flussabwärts vereinigt sich die Garonne mit der Dordogne zum über 70 Kilometer langen Mündungstrichter *Gironde*. Bis in das Stadtgebiet hinein sind daher die Gezeitenkräfte zu beobachten: Bei Flut drückt das einströmende Meerwasser den Fluss zurück und hebt den Pegel um etwa einen Meter. Die entstehenden Strömungen sorgen für Strudel und ein unruhiges Oberflächenwasser. Bisweilen kann sich auch eine regelrechte Welle dutzende Kilometer flussaufwärts bewegen: Dieses Phänomen wird in Bordeaux *„mascaret"* (dt.: Springflut) genannt.

Geologie

Das linke Ufer der Garonne, auf dem sich der weitaus größte Teil des Stadtgebietes befindet, besteht aus weiten, sumpfigen Ebenen, aus denen niedrige Anhöhen (*„croupes"*) ragen. Diese bestehen aus Geschiebesedimenten und weisen zum größten Teil Kies und Schotter als Untergrund auf. Die Böden sind mager, aufgrund der Wasserdurchlässigkeit und der Fähigkeit, Wärme zu speichern, für den Weinbau jedoch hervorragend geeignet. Die Stadt Bordeaux liegt zwischen dem flussabwärts gelegenen Médoc und dem sich flussaufwärts ziehenden Gebiet der Graves, die geomorphologisch sehr ähnlich sind. Berühmte Weingüter sind bis in das stark verstädterte Ballungsgebiet hinein keine Seltenheit.

Das rechte Ufer geht fast unmittelbar in ein bis zu 90 Meter hohes Kalkplateau über, so dass dort eine markante Steilstufe besteht. Das Plateau beheimatet in etwa 20 Kilometern Entfernung weltberühmte Weinbaugebiete wie Saint-Émilion, Pomerol und Fronsac, in denen einige der teuersten Weine der Welt kultiviert werden.

Klima

Bordeaux liegt am Südrand der gemäßigten Klimazone. Die sehr milden Winter und die langen, warmen Sommer lassen bereits subtropisch-mediterranen Einfluss spüren. Niederschlag ist zu allen Jahreszeiten häufig; mit einer Niederschlagsmenge von 891 mm/Jahr werden für französische Verhältnisse relativ hohe Mengen erreicht. Diese fallen hauptsächlich im Winterhalbjahr, im Sommer eher in Form von Wärmegewittern. Die höchste jemals in Frankreich gemessene Niederschlagsmenge innerhalb einer halben Stunde wurde im Juli 1883 aus Bordeaux gemeldet. Enorme Schäden verursachte auch ein „Doppelgewitter" im Jahre 1982, als am 31. Mai innerhalb einer Stunde das komplette Monatssoll abregnete und drei Tage später in 50 Minuten nochmals ein halbes.

Die Jahresmitteltemperatur liegt bei etwa 12,8 °C mit einem durchschnittlichen Minimum von 5,9 °C im Januar und einem Maximum von 20,2 °C im Juli. Die nach hinten verschobenen Temperaturmaxima liegen im ozeanischen Klima begründet. Trotz des ausgeglichenen Temperaturgangs können bei entsprechenden Wetterlagen extreme Temperaturen auftreten: Während der Hitzewelle 2003 erreichten die Höchstwerte an zwölf aufeinander folgenden Tagen mindestens 35 °C, davon an einem Tag 41 °C.

Die Stadt hat eine hohe Sonneneinstrahlung vorzuweisen. Mit etwa 2.000 Sonnenstunden pro Jahr übertrifft Bordeaux die meisten französischen Regionen mit Ausnahme des Mittelmeerraumes und einzelner Küstengebiete am Atlantik.

Die Mikroklimate von Bordeaux und Umgebung sind mitentscheidend für die hervorragenden Weinbaubedingungen: Die Stadt und die umliegenden Anbaugebiete sind durch einen breiten Streifen Pinienwaldes (*Forêt des Landes*) vor den Seewinden geschützt. Zudem sorgt die Gironde für einen temperaturausgleichenden Effekt, da dieses Gewässer wie eine gigantische Batterie tagsüber gespeicherte Wärme nachts abgibt und außerdem breitflächig die Sonneneinstrahlung in das Umland reflektiert.

Bordeaux

Klimadiagramm (Erklärung)

J	F	M	A	M	J	J	A	S	O	N	D

Temperatur in °C, Niederschlag in mm

Quelle: WMO [3]

Monatliche Durchschnittstemperaturen und -niederschläge für Bordeaux

	Jan	Feb	Mär	Apr	Mai	Jun	Jul	Aug	Sep	Okt	Nov	Dez		
Max. Temperatur (°C)	10.0	11.7	14.5	16.5	20.5	23.5	26.4	26.6	23.7	18.8	13.4	10.7	**Ø**	**18**
Min. Temperatur (°C)	2.8	3.4	4.6	6.6	10.3	13.0	15.1	15.2	12.5	9.5	5.5	3.8	**Ø**	**8.5**
Niederschlag (mm)	92.0	82.6	70.0	80.0	83.8	63.8	54.5	59.5	90.3	94.0	106.8	106.7	**Σ**	**984**
Regentage (d)	12.5	11.3	11.2	12.0	11.5	8.9	7.0	7.8	9.6	11.3	12.5	12.6	**Σ**	**128.2**

Quelle: WMO [3]

Stadtviertel

Bordeaux ist formal in acht städtische Arrondissements aufgeteilt. Die Arrondissements 1–6 liegen auf dem linken Garonne-Ufer und sind von Norden nach Süden durchnummeriert, das siebte bezeichnet das rechte Garonne-Ufer und das achte den eingemeindeten Stadtteil Caudéran. Da hierbei historisch Gewachsenes zumeist nicht berücksichtigt wurde, hat dies dazu geführt, dass sich die Bewohner nicht – wie zum Beispiel in Paris – mit ihren Arrondissements identifizieren. Stattdessen ist es üblich, den Wohnsitz nach Vierteln beziehungsweise Stadtteilen zu benennen. Üblicherweise geben diese auch einen gewissen Aufschluss über den Lebensstandard.

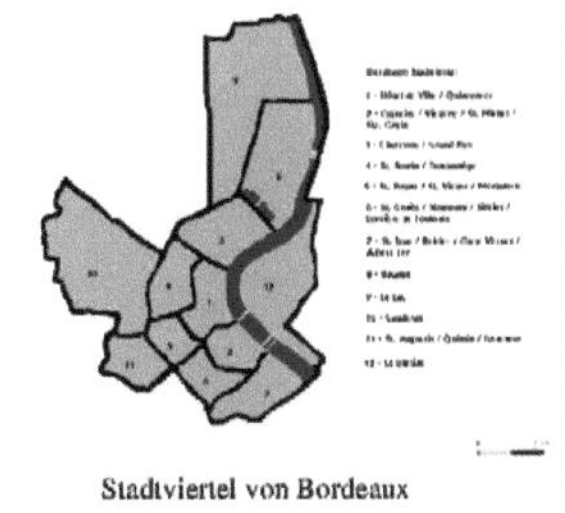

Stadtviertel von Bordeaux

Vieux Bordeaux (Altstadt)

Der **historische Kern** von Bordeaux ist das Gebiet innerhalb der ehemaligen Stadtmauer. Seit 2007 steht Bordeaux, Port de la Lune unter dem Schutz des UNESCO-Weltkulturerbes. Es wird durch die ringförmige Struktur der Cours und dem Garonne-Ufer begrenzt und von zwei Hauptachsen geteilt:

Von Norden nach Süden verläuft die über einen Kilometer lange, heute vollständig zur Fußgängerzone gestaltete *Rue Sainte-Catherine* vom *Place du Grand Théâtre* bis zur *Place de la Victoire*, wo die alten Gebäude der Universität stehen. Hier und westlich davon liegt das Geschäftsviertel von Bordeaux mit Handels- und Dienstleistungsschwerpunkt, östlich bis zur Garonne überwiegt – teils sehr alte – Wohnbebauung.

Stadtstruktur von Bordeaux. Dunkelrot: Altstadt; Hellrot: Innerhalb des Boulevards; Orange: Äußere Stadtteile

Die Ost-West-Achse wird durch den *Pont de Pierre* gebildet, die einzige Brückenquerung innerhalb des historischen Zentrums. Ihre Fortführung bildet der *Cours Victor Hugo*. Nördlich überwiegen Wohn- und Geschäftslagen gehobenen bis sehr hohen Standards, südlich einfache Lagen.

Im Nordwestteil (Viertel: Quinconces, Hôtel de Ville) finden sich feine Restaurants und Cafés, repräsentative Niederlassungen von Banken und Finanzdienstleistern, Kinos und Einzelhandel für den gehobenen bzw. Luxusbedarf. Hier liegt das schon zu Zeiten der Intendanten so genannte Triangle d'or (Goldenes Dreieck), ein fast gleichseitiges Dreieck, das aus drei Alleen gebildet wird und als Schaufenster des feinen Bordeaux gilt. Im Nordostteil (Viertel: Saint-Pierre, Saint-Eloi) befinden sich Restaurants, Hotels und Kneipenviertel. Der ursprünglich alternative Charme weicht langsam einem gewissen Chic. Der Südwestteil (Viertel: Victoire) ist stark studentisch geprägt, aber auch bevorzugter Wohnort der Mittelschicht. Im Südosten (Viertel: Capucins, Saint-Michel, Sainte-Croix) überwiegen einkommensschwache Bevölkerungsschichten (Alte, Arbeiter, Arbeitslose, Immigranten).

Elegante Mietshäuser im Viertel Hôtel de Ville. Im Hintergrund das Nordportal der Kathedrale

Die ehemaligen Faubourgs (Vorstädte)

Der Wohngürtel *zwischen Cours und Boulevard* ist aus ehemaligen Vorstädten außerhalb der Stadtmauer entstanden und ist mit Ausnahmen ähnlich aufgebaut: Im Norden überwiegen bevorzugte, im Süden einfache Lagen.

Der Pavé des Chartrons, ehemaliger Sitz vieler Weinhändler und großbürgerlich geprägtes Wohnquartier

Entlang der Garonne liegen im Norden die Viertel Chartrons und Grand Parc, Ersteres der Sitz vieler Weinhändler und bürgerlich geprägt, Letzteres eine Großsiedlung für einkommensschwache Schichten.

Der Nordwesten rund um das *Palais Gallien* beherbergt das Viertel Saint-Seurin, eine gehobene Wohnlage und Sitz vieler Konsulate.

Im Westen ragt das neue Einkaufs- und Verwaltungszentrum Mériadeck empor, das einzige innerstädtische Hochhausensemble. Für dessen Errichtung wurden großflächig einfache Viertel abgerissen, deren Zustand als marode und unhygienisch angesehen wurde. Obwohl zwischen den Handels- und Verwaltungsflächen hochwertige

Wohnbebauung geplant war, ist es nicht zu einer verstärkten Ansiedlung der Oberschicht gekommen; die Bauten haben im Gegenteil bereits eine leichte Patina angesetzt. Die großzügige verkehrstechnische Erschließung führte aber zur Ansiedlung einiger Hotels höheren Standards. Rund um Mériadeck ist die ursprüngliche Bebauung für die untere bis mittlere Mittelschicht erhalten geblieben, die zumeist aus ein- bis zweigeschossigen Häuserzeilen mit kleinen Gärten besteht. Diese so genannten *Echoppes* sind bei der Bevölkerung heutzutage äußerst beliebt.

Das in den Siebziger Jahren neu errichtete Stadtviertel Mériadeck

St. Genès im Südwesten ist großbürgerlich geprägt, während der Süden (*Bahnhofsquartier*) bis heute Wohngegend der Armen ist. Industrie und Gewerbe, Bahnlinien und wenig ansprechende Infrastruktur wie die zentralen Schlachthöfe prägen das Bild.

Das rechte Ufer der Garonne ist nach Jahrzehnten der Vernachlässigung ins Blickfeld der Stadtplaner gerückt. Abstelle der industriell und durch die Eisenbahn geprägten Viertel Bastide und Benauge wird direkt gegenüber der Altstadtfassade ein vollständig neuer Wohnbezirk für die urbane Oberschicht gebaut. Dies geschieht vor allem in La Bastide auf dem südlichen Areals des ehemaligen Eisen- und Güterbahngeländes und der daran angrenzenden Gewerbegebiete. Den Anfang machten hierzu der Umbau des alten Bahnhofes Gare d'Orléans zu einem Multiplex-Kino und die Eröffnung des neuen Botanischen Gartens (Jardin Botanique Bordeaux Bastide)im Jahr 2003.

Jenseits des Boulevards liegt im Norden das Viertel *Lac* ohne nennenswerte Wohnbebauung, sowie Bacalan, traditionelles Revier der Hafenarbeiter und heute stark von Arbeitslosigkeit geprägt. Im Westen befindet sich Caudéran, ein 1964 eingemeindeter Vorort mit lockerer Bebauung und einigen repräsentativen Villen. Hier ist der Parc Bordelais gelegen, die größte öffentliche Grünfläche der Stadt. Im Südwesten schließt sich Saint-Augustin an, ein Viertel der mittleren bis oberen Mittelschicht; hier sind das Stadion und das Zentralkrankenhaus untergebracht.

Agglomeration

Wie in fast allen französischen Ballungsräumen ist die Kernstadt Bordeaux von einem Gürtel eigenständiger Kommunen umgeben, die mit ihr untrennbar zusammen gewachsen, aber nicht eingemeindet worden sind. Während Bordeaux im 20. Jahrhundert insgesamt an Einwohnern eingebüßt hat, sind diese Vororte teilweise auf das zehnfache ihrer ursprünglichen Bevölkerung gewachsen. Die flächenmäßige Ausdehnung der Agglomeration ist insbesondere auf dem linken Garonne-Ufer bemerkenswert: Seit Jahrzehnten frisst sich die Stadt förmlich in den umgebenden Pinienwald hinein, immer wieder einen Gürtel aktuell bevorzugter Randwohnlagen vor sich herschiebend. Zum Flächenverbrauch trägt auch die fast durchweg niedrige Bebauung bei.

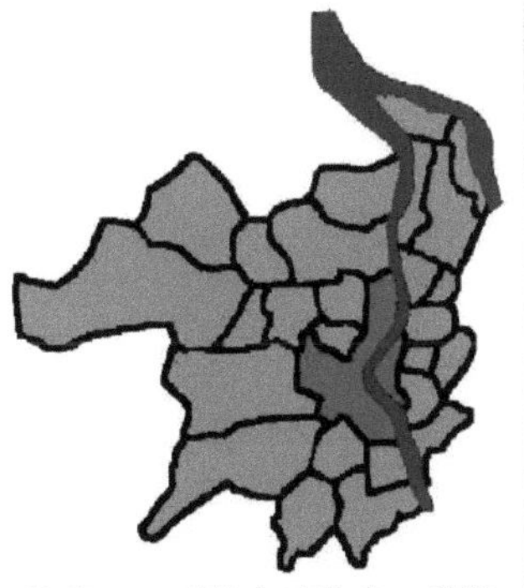

Die Communauté Urbaine de Bordeaux (CUB). Rot: Bordeaux; Orange: Mitgliedskommunen

Der hochverdichtete Teil des Ballungsraumes liegt etwa innerhalb des Autobahnrings. Die Schnittpunkte zwischen dem ringförmigen Boulevard und den Ausfallstraßen sind die so genannten *Barrières*.

Diese bilden keineswegs deutliche Grenzen zwischen Bordeaux und der Vorstadt, sondern sind im Gegenteil auf Grund ihrer Verkehrslage zu kleinen Nebenzentren der Innenstadt geworden, deren eine Hälfte in Bordeaux liegt, die andere teils schon in den Nachbarkommunen, die außerdem über jeweils eigene Stadtzentren verfügen. Diese Orte weisen Bevölkerungsstärken zwischen 10.000 und 70.000 Einwohnern auf.

Außerhalb dieser Städte bzw. jenseits des Autobahnrings wird die Bebauung locker, die Einwohnerdichte geringer und das Durchschnittseinkommen höher. Einige Großeinrichtungen (Flughafen, Industrieansiedlungen) unterbrechen das gleichförmige Bild. Die in diesem äußeren Gürtel gelegenen Kommunen verzeichnen zwischen 5.000 und 25.000 Einwohner. Auf der gegenüber liegenden Seite der Garonne ist auf Grund des geringeren Platzangebotes der Übergang unvermittelt: Während nahe der Stadtgrenze in Lormont und Cenon Hochhausbebauung im größeren Stil herrscht, beginnt unmittelbar östlich davon bereits der ländliche Raum.

Flora und Fauna

Das Stadtgebiet ist auf fast 90% der Fläche derart verdichtet, dass kein Platz für natürliche Lebensräume bleibt. Hier beschränkt sich die Vegetation auf Parks, Grünstreifen und leeren Baugrund. Auch die Tierwelt existiert nur insoweit, wie sie sich an fast geschlossen überbaute Flächen anpassen kann. Bordeaux hat insbesondere ein massives Problem mit seiner Rattenpopulation, das die Stadtverwaltung seit Jahren durch eine verbesserte Müllentsorgung und stärkere Kontrolle der gastronomischen Einrichtungen bekämpft.

Naturnaher Raum findet sich im äußersten Norden des Stadtgebiets und vereinzelt an den Ufergestaden der Garonne gegenüber der Altstadt. Insbesondere im Norden, der als Naherholungsgebiet ausgewiesen wurde, sind einige Flächen bewusst nicht bewirtschaftet worden, so dass hier noch eine Flora und Fauna existiert, wie sie entlang der Gironde typisch ist: Eine Reihe von Zugvögeln hat hier ihre Rastplätze, in den Gehölzen finden sich einige Arten von Niederwild und an sumpfigen Stellen sind auch Bewohner von Feuchtgebieten (Amphibien etc.) zu finden.

Ein eigenes Biotop bilden die Rebflächen, die im Stadtgebiet von Bordeaux allerdings verschwunden sind. In einigen angrenzenden Städten wie Pessac oder Villenave-d'Ornon dagegen wird Wein kultiviert. Hier haben Rebhühner und Kaninchen sowie deren Fressfeinde (Greifvögel etc.) ihre Lebensräume. Relativ ungestört ist der aquatische Lebensraum. In der Garonne existiert eine Vielzahl von Organismen, die sich an die Verhältnisse in Brackwasserreservoiren angepasst haben (siehe hierzu Gironde). In den künstlich geschaffenen Seen leben vornehmlich Zier- bzw. Angelfische.

Geschichte

Siehe hierzu auch den Hauptartikel Geschichte der Stadt Bordeaux.

Die Geschichte von Bordeaux erstreckt sich über einen Zeitraum von annähernd 2300 Jahren. Sie ist von Kelten, Römern, Franken und dem englisch-französischen Gegensatz geprägt, seit Mitte des 15. Jahrhunderts gehört Bordeaux ununterbrochen zu Frankreich. Im Laufe der Jahrhunderte erreichte die Stadt drei ökonomische Blütezeiten, die vor allem auf die strategische Lage, die Handels- und Verkehrsverbindungen zurückzuführen sind.

Antike

Die Stadt geht auf eine keltische Siedlung aus dem 3. Jahrhundert v. Chr. zurück, die unter den Römern *Burdigala* getauft und zur Hauptstadt der Provinz Aquitania erhoben wurde. In dieser Zeit erlebte Bordeaux seine erste Blüte, die mehrere hundert Jahre andauerte; sowohl der schon damals praktizierte Weinbau als auch die günstige Lage als Seehafen waren Ursache dafür. Da das unmittelbare Umland sumpfig (aquitanisch burd "Sumpf") und von Malaria verseucht war und daher für eine Besiedlung eher ungeeignet erschien, ist Bordeaux ein Musterbeispiel für eine Stadtgründung aus rein strategischen Erwägungen. Die Via Aquitania verband Bordeaux über Toulouse mit Narbonne, die ältere Via Agrippa verband die Stadt mit Lyon und dort mit den Zentren Augusta Treverorum, Colonia Claudia Ara Agrippinensium und Massilia.

Das Stadtbild des antiken Burdigala muss beeindruckend gewesen sein; Reiseberichte römischer Schriftsteller beschrieben es als eine reiche, prächtige Stadt. Noch während des Niedergangs von Westrom konnte die Stadt einen gewissen Lebensstandard innerhalb ihrer Befestigungen wahren, bevor eine Reihe von Plünderungen und Verwüstungen im Gefolge der Völkerwanderung dem Wohlstand ein Ende setzten.

Mittelalter

Im 5. Jahrhundert wurde Bordeaux durch die Westgoten, kurz darauf durch die Franken eingenommen. 732 verwüstete Abd ar-Rahman während seines Feldzugs die Stadt. Nach der Niederlage der Araber bei Poitiers wurden diese hinter die Pyrenäen zurückgedrängt, jedoch fielen im 9. Jahrhundert die Normannen ein und plünderten die Stadt erneut. Erst danach begann sich Bordeaux zu erholen. Ein Wendepunkt trat ein, als Eleonore von Aquitanien durch die Heirat mit Henri Plantagenêt den französischen Südwesten zu englischem Lehen machte. Vom 12. bis zum 15. Jahrhundert blieb Bordeaux unter der Herrschaft der Könige von England und erlebte eine zweite wirtschaftliche Blüte. Die Stadt wurde mit einer neuen Stadtmauer versehen und die romanische Kirche durch einen gotischen Bau, die Kathedrale Saint-André, ersetzt. Bordeaux war Sitz eines Erzbischofs und Hauptstadt des Fürstentums Guyenne (englische Adaptation des französischen Namens Aquitaine).

Im Vergleich zu anderen französischen Provinzen war der Lebensstandard in Bordeaux und Umgebung hoch: Die Lebensmittelversorgung war ausreichend und die Stadt profitierte von einem Handelsnetz, über das der heimische Wein exportiert und englische Fertigwaren importiert werden konnten. Während des Hundertjährigen Krieges konnten sich die Engländer in Bordeaux halten, erst nach der Schlacht bei Castillon mussten sie die Guyenne endgültig räumen. Am 19. Oktober 1453 zogen die Truppen Karls VII. in die Stadt ein.[4] Die Rückkehr nach Frankreich wurde von den Bürgern, viele von ihnen mächtige und reiche Kaufleute, keineswegs begrüßt, da hierdurch die alten Absatzmärkte in England wegfielen. Auch der König sicherte sich ab, indem er zwei große Festungen bauen ließ: Im Norden das *Château de la Trompette*, im Westen das *Château du Hâ*. Diese waren vor allem Verteidigungsbauten, aber die Geschütze konnten im Falle von Aufständen auch gegen die Bevölkerung gerichtet werden. Im Jahre 1441 wurde die Universität Bordeaux gegründet. Erst 1494 wurde ein Parlament eingerichtet, das dem Bürgertum eine beschränkte Selbstverwaltung ermöglichte und ein Zugeständnis des französischen Königshauses an die Bordelais darstellte.

Neuzeit

Vom Absolutismus bis zum 20. Jahrhundert

Nach einem zwischenzeitlichen Niedergang erlebte Bordeaux seine dritte Blütezeit im 18. Jahrhundert durch den florierenden atlantischen Seehandel, insbesondere mit den Antillen. Zu dieser Zeit wurden einige fähige Intendanten in die Stadt entsandt, die ihr ein völlig neues Gesicht verliehen. Vor allem der Marquis de Tourny leistete hier Bedeutendes: Die alten Stadtmauern wurden abgerissen und durch breite Prachtstraßen ersetzt, die sogenannten *Cours*. Entlang dieser Cours entstanden einige der beeindruckendsten Privathäuser, die noch heute teilweise wie Paläste erscheinen. Die prächtigen Gebäude am Rande der Hafenquais stammen ebenfalls aus dieser Zeit. Das im klassizistischen Stil errichtete *Grand Théâtre* empfing die begehrtesten Ensembles von ganz Frankreich. Ein Meisterwerk merkantiler Baukunst ist das Palais de la Bourse, der Sitz der Börse. Diese Umgestaltung von Bordeaux im Sinne des aufgeklärten Absolutismus

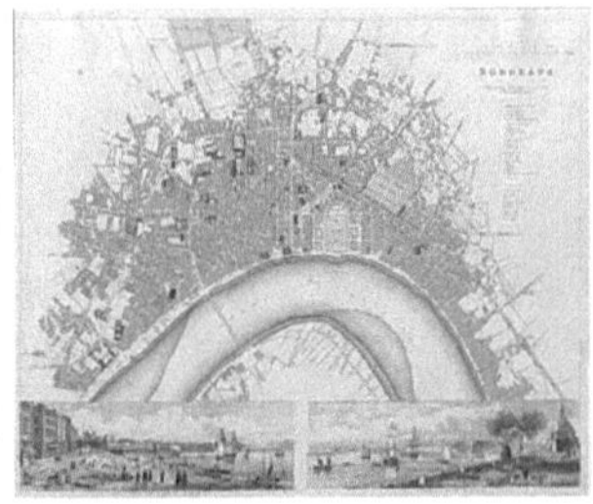

Die Stadt nach einem Plan von 1840 mit Blick nach Westen. Die Bebauung hat sich bereits weit über die mittelalterlichen Grenzen (rot markiert) ausgedehnt: Bevorzugte Wohngegend ist das Viertel um den neu angelegten *Jardin Public*.

beeindruckte den jungen Georges-Eugène Haussmann und dürfte zum Teil vorbildhaft für die Umgestaltung von Paris unter Napoléon III. geworden sein.

Stadtansicht von Bordeaux nach einem kolorierten Stich um 1850. Vorne rechts sind die Terrassen der *Place des Quinconces* erkennbar.

Zur Zeit der Französischen Revolution wurde Bordeaux Hauptstadt des Départements Gironde. In der Nationalversammlung stellten die Abgeordneten, die *Girondins* genannt wurden, eine bedeutende Gruppe, die zunächst erheblichen Einfluss hatte und maßgeblich an der Erklärung der Menschen- und Bürgerrechte und der neuen Verfassung mitwirkte. Diese Girondisten waren politisch den Liberalen zuzuordnen. Sie verloren mit der Terrorherrschaft der Jakobiner um Robespierre 1793/94 allerdings ihren Einfluss und wurden verfolgt. (Ein Jahrhundert später wurde ihnen auf der Place des Quinconces das Monument aux Girondins gewidmet). Auch die wirtschaftliche Situation in Bordeaux verschlechterte sich wieder.

Während der napoleonischen Kriege wurden gewaltige Kontingente in Richtung Spanien verlegt, die unter anderem Bordeaux passierten. Diesem Umstand ist es zu verdanken, dass 1811 die erste feste Brücke über die Garonne gebaut wurde, der *Pont de Pierre* (wörtlich: Steinbrücke; einige Jahre zuvor war bereits ein Vorgängerbau aus Holz errichtet worden). Die Bedenken der lokalen Würdenträger, die technischen Herausforderung angesichts der starken Strömung und der unberechenbaren Fluten zu meistern, soll Napoleon zu dem Satz *Impossible n'est pas français!* (wörtlich: unmöglich ist nicht französisch) veranlasst haben.

In dieser Zeit wuchs die Bevölkerung trotz wirtschaftlicher Schwierigkeiten erheblich: Es entstanden zwischen den Cours und der neuen Stadtgrenze (dem heutigen Boulevard, der teils bis heute Stadtgrenze geblieben ist) neue Vorstädte, die sich auf dem linken Garonneufer ringförmig um den mittelalterlichen Kern ausbreiteten. Im Nordwesten und Südwesten lagen die Viertel des gehobenen Bürgertums, dazwischen die einfachen Wohngegenden für Arbeiter und Kleinbürgertum. Das rechte Ufer der Garonne entwickelte sich im Vergleich nur langsam. Während der aufkommenden Industrialisierung siedelten sich hier und in der Hafengegend die meisten Großbetriebe an. Bordeaux begann mit seinen Nachbarstädten zusammenzuwachsen.

Seit dem 20. Jahrhundert

1870/71 sowie im Ersten und Zweiten Weltkrieg zog sich die französische Regierung vor den heranrückenden deutschen Truppen aus Paris nach Bordeaux zurück. Zwischen dem 1. Juli 1940 und dem 27. August 1944 war Bordeaux von Truppen der deutschen Wehrmacht besetzt, die hier einen wichtigen U-Boothafen errichteten und ab 1942 ein Marinelazarett unterhielten. Trotz dieser Tatsache und der exponierten Lage nahe der Atlantikküste, die von den Deutschen zum „Atlantikwall" ausgebaut und in ihrer ganzen Länge mit Bunkern befestigt wurde, blieb Bordeaux nahezu unbeschädigt.

Während dieser Zeit war die Stadt, so wie der ganze französische Südwesten, eine Hochburg der Résistance. Am 21. Oktober 1941 wurde der Kriegsverwaltungsrat Hans Gottfried Reimers durch einen Widerstandskämpfer, Pierre Rebière, ermordet. Am Tag zuvor wurde in Nantes auf den Feldkommandanten Karl Hotz ein Attentat verübt. Deshalb wurden in Nantes am 22. Oktober 1941 48 Geiseln und in Bordeaux am 24. Oktober 1941 50 Gefangene von der deutschen Besatzungsmacht erschossen.

Die Resistance versuchte Maurice Papon, der mit den Nationalsozialisten kollaborierende Sekretär des Präfekten der Gironde, Sabatier, mit grausamen Mitteln zu unterdrücken. Für seine Willkürherrschaft und seine Mitverantwortung am Holocaust – er war für die Deportation der Bordelaiser Juden verantwortlich – wurde ihm erst 1997 als einem der letzten Vertreter der Kollaboration der Prozess in Bordeaux gemacht. Jacques Chaban-Delmas, eine der wichtigsten Figuren des Widerstandes gegen die deutsche Besatzung, wurde nach dem Krieg zum Bürgermeister gewählt und behielt das Amt fast fünfzig Jahre lang.

In der zweiten Hälfte des 20. Jahrhunderts machte Bordeaux einen tief greifenden Strukturwandel durch. Der Seehafen, bis dahin direkt in der Stadt gelegen, wurde aufgegeben und durch ein Terminal nahe Le Verdon an der Girondemündung ersetzt, das die nötige Wassertiefe und Kapazität besitzt, Containerschiffe abzufertigen. Die Öltanker bedienen eine neu errichtete Großraffinerie in Pauillac, etwa 50 km entfernt. Nach den Mai-Unruhen 1968 wurde die Universität Bordeaux in einen neuen Campus im Vorort Talence ausgelagert, um die Studenten auf räumlicher Distanz zu halten. Im Norden entstanden auf bisher brach liegendem Gelände ein Messegelände, Hotels und Einkaufszentren. Eine Verwaltungsstadt wurde in der Nähe des Stadtzentrums errichtet, für die ein ganzes Viertel dem Erdboden gleich gemacht wurde. Zudem wurde ein Autobahnring gebaut, um der zunehmenden Verkehrsprobleme Herr zu werden. In den 1970er Jahren siedelten sich unter anderem Ford, IBM, Siemens und Aérospatiale in neu ausgewiesenen Gebieten am Stadtrand und in den Nachbargemeinden an.

Nicht jede dieser brachialen Maßnahmen wurde dem Aufwand gerecht, aber der Niedergang der Wirtschaft konnte gestoppt werden. Möglich wurde dies auch durch den Zusammenschluss von Bordeaux und seinen Nachbargemeinden zur Communauté Urbaine de Bordeaux (CUB), einem kommunalen Verbund, der interkommunale Aufgaben wie Strukturpolitik, Nahverkehr, Ver- und Entsorgung regelt.

Während der neunziger Jahre wurde sich Bordeaux seines historischen Erbes vollends bewusst. Die Altstadt, die fast vollständig das historische Erscheinungsbild behalten hat, wurde zunehmend verkehrsberuhigt und die Wohnlagen aufgewertet. Historische Gebäude wurden saniert, die Front zur Garonne restauriert und Neubauten wie die *Cité Mondiale du Vin* behutsam ins Stadtbild eingefügt. 1994 wurde ein groß angelegtes Projekt zur Stadtsanierung vorgestellt, das zum Hauptziel hat, die Stadt wieder mit der Garonne zu vereinigen: Alte Lagerhallen wurden abgerissen, Radwege und Promenaden gebaut und die Industriebrachen der rechten Garonneseite mit neuer, hochwertiger Bebauung versehen. Im Jahr 2004 wurde die Straßenbahn, die seit den 1960er Jahre durch Busse ersetzt worden war, wieder mit drei neuen Linien eingeweiht. Die Bemühungen um die Bewahrung und schonende Modernisierung des alten Kerns wurden 2007 mit der Aufnahme großer Teile der Altstadt (1810 Hektar) in die UNESCO Liste des Weltkulturerbes belohnt.

Bevölkerung

Selbstverständnis

Das Selbstbild der Bordelais ist ausgesprochen regional geprägt: Als traditionsreiche Stadt mit langer geistig und politisch eigenständiger Tradition ist man hier stolz auf seine Herkunft und die besondere Lebensqualität. Durch die enorme Ausstrahlungskraft der Stadt in ihr großflächiges, relativ dünn besiedeltes Umland ist die regionale Bedeutung nie bestritten worden. In Bordeaux finden sich daher viele Anhänger einer betont föderalen Einstellung, die der Hauptstadt Paris und deren Einwohnern mit einer gewissen Skepsis gegenüberstehen. Eine Rivalität besteht zudem mit Marseille, der anderen großen südfranzösischen Hafenstadt, die sich aber heutzutage zumeist nur bei Fußballderbys bemerkbar macht. Traditionell freundschaftliche Beziehungen pflegt Bordeaux mit Toulouse und Lyon.

Sprache

Unmittelbar in der Nähe von Bordeaux verläuft die Sprachgrenze zwischen der *Langue d'oïl* und der *Langue d'oc*, die hier eine weite Ausbuchtung nach Süden erfährt. Die Langue d'oil ist im Laufe des Mittelalters bis nach Blaye vorgedrungen, das nur 30 Kilometer von Bordeaux entfernt liegt. Zugleich teilt sich das okzitanische Gebiet ab der Gironde fächerartig in verschiedene Dialekte auf: Ursprünglich wurde in Bordeaux im Alltag ein okzitanischer Dialekt gascognischer Prägung gesprochen, während die rechte Seite der Garonne bereits unter Einfluss der auvergnatischen, ab Libourne dann der limousinischen Variante stand. Mit der Durchsetzung des Standardfranzösischen als Alltagssprache ab dem 19. Jahrhundert, spätestens seit dem Ersten Weltkrieg, wurden diese Dialekte, die so genannten *Patois*, zurückgedrängt. In Bordeaux verschwand das Patois besonders früh: Dies liegt an der urbanen Struktur begründet, wurde aber sicherlich durch den Umstand verstärkt, dass selbst innerhalb des Stadtgebiets verschiedene, untereinander schwer verständliche Patois gesprochen wurden. Bereits vor 1970 war das Okzitanische endgültig aus dem Alltag verschwunden. Zurück bleibt in heutiger Zeit ein typischer, „südwestlicher“ Akzent. Dieser verzichtet auf die Nasalaussprache oder deutet sie nur an. Zudem werden die Vokale oft heller und kürzer als im Standardfranzösischen ausgesprochen, wodurch sich das Sprachtempo beträchtlich erhöhen kann.

Bevölkerungsentwicklung und -dichte

Nach einer Meldung vom 24. Januar 2005 hat das französische Institut für Statistik INSEE die Einwohnerzahl von Bordeaux auf ca. 230.000 geschätzt. Dies Meldung bedeutet, dass sich seit der letzten Zählung ein Bevölkerungsgewinn von über 14.000 Einwohnern ergeben hat – ein Wachstum, das den französischen Durchschnitt um mehr als das Doppelte übertrifft. Dies ist eine spektakuläre Trendumkehr, denn seit 1900 ist die Bevölkerung im Stadtgebiet fast hundert Jahre lang stetig gesunken. Waren es Anfang des 20. Jahrhunderts noch über 260.000 Einwohner, drohte selbst nach der Eingemeindung von Caudéran in den sechziger Jahren zwischenzeitlich – um 1980 – der Fall unter die 200.000-Einwohner-Grenze. Ungebrochen ist das Wachstum innerhalb der Agglomeration, deren Bevölkerung bereits bei der letzten Volkszählung 1999 754.000 Einwohner betrug. Allein die CUB erwartet bis 2010 einen Bevölkerungsanstieg um über 100.000 Einwohner.

Jahr	1876	1896	1921	1936	1954	1968*	1982	1990	1999	2006
Einwohner	215 100	256 900	267 400	256 400	257 946	270 996	208 159	210 336	215 363	232 260

*nach Eingemeindung von Caudéran im Jahr 1964. Seit 2000 gelten vereinfachte Zensusregelungen, die auf Teilerhebungen beruhen.

Da Eingemeindungen in Frankreich eher zurückhaltend betrieben werden, hat das Stadtgebiet von Bordeaux eine gewisse Bevölkerungsobergrenze. Die Bevölkerungsdichte ist außerordentlich hoch und liegt mit weit über 4.000 Einwohnern je km² oberhalb derjenigen vergleichbarer Städte im deutschsprachigen Raum – im innenstadtnahen Wohngürtel teils noch beträchtlich darüber. Dagegen weist die CUB 1.200, die Agglomeration sogar nur 713 Einwohner je km² aus und hält noch beträchtliche Reserven zur Verdichtung des Wohnraumes vor.

Bevölkerungsstruktur

Bordeaux hat eine insgesamt günstige Bevölkerungsstruktur. Der Großraum ist seit jeher für Zuwanderer attraktiv gewesen, da Klima, Lebensumstände und Entfaltungsmöglichkeiten gegeben waren. Insbesondere die Bildungseinrichtungen, in geringerem Maße auch die neu angesiedelten Wirtschaftszweige haben bewirkt, dass die Einwohner verglichen mit nationalen Vergleichszahlen unterdurchschnittlich alt und überdurchschnittlich gebildet sind.

Die ethnische Zusammensetzung hat mit der Zeit einige Besonderheiten erfahren: Bordeaux galt über Jahrhunderte als Anlaufstelle portugiesischer und spanischer Exilanten, insbesondere politischer Flüchtlinge und in ihrer Heimat unter Repressalien leidender Juden. Darin liegt auch begründet, dass sich später überdurchschnittlich viele portugiesische Gastarbeiter in Bordeaux niederließen, die hier eine florierende Gemeinde aufgebaut haben. Migranten aus Nordafrika, heute überwiegend im Besitz der französischen Staatsbürgerschaft, spielen ebenfalls eine Rolle, jedoch bei weitem keine so große wie in den Ballungszentren von Paris, Lyon oder Marseille.

Religionen

Bordeaux war traditionell ein Ort religiöser Toleranz. Während der Religionskriege, die in unmittelbarer Nähe katastrophale Folgen hatten, nahm die Stadt bereitwillig Flüchtlinge auf. Dies geschah nicht völlig uneigennützig, denn die Hugenotten trugen viel zur Wirtschaftsleistung bei. Auch gibt es seit langem eine große jüdische Gemeinde. Im Unterschied zu den meisten nord- und ostfranzösischen Städten tragen ausländische Bürger dazu bei, den katholischen Bevölkerungsanteil zu stabilisieren, denn diese stammen in Bordeaux vor allem aus Südeuropa.

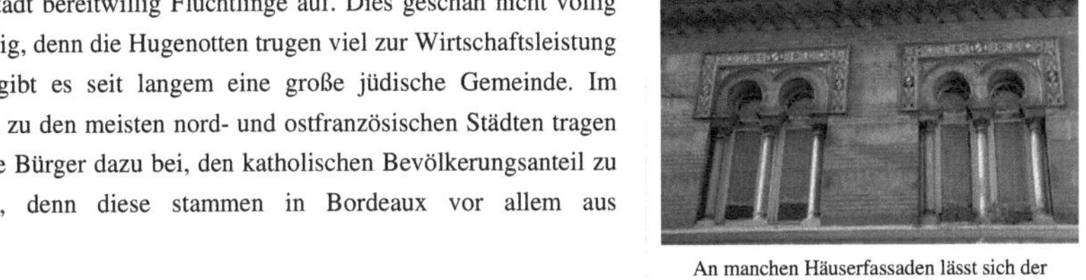

An manchen Häuserfassaden lässt sich der jüdische Glaube ihres Erbauers erkennen

Da in Frankreich keine offiziellen Statistiken über die Religionszugehörigkeit geführt werden, ist es auch für Bordeaux nicht möglich, exakte Zahlen anzugeben. Legt man den französischen Bevölkerungsschnitt von etwa 82 % Katholiken zu 18 % Sonstigen (Muslime, Protestanten, Juden, andere Gemeinschaften, Konfessionslose) zugrunde, weicht Bordeaux von diesen Zahlen leicht ab. Spezielle Faktoren wie beispielsweise die in Städten allgemein überdurchschnittliche Anzahl an Muslimen (auch französischer Nationalität), die in Südfrankreich überdurchschnittliche Anzahl an Protestanten und die in Bordeaux überdurchschnittlich vertretenen Vertreter jüdischen Glaubens legen nahe, dass der katholische Bevölkerungsteil unter 80 % liegt.

Persönlichkeiten

Im 4. Jahrhundert lebten der Dichter Decimius Magnus Ausonius, Verfasser des berühmten in Latein geschriebenen *Mosella*, und der spätere Bischof Paulinus von Nola in Bordeaux und Umgebung. Papst Klemens V. war, bevor er 1305 zum Papst gewählt wurde, Erzbischof der Stadt. Von 1557 bis 1570 war der Philosoph Michel Eyquem de Montaigne Bürgermeister von Bordeaux. Charles de Secondat, Baron de Montesquieu († 1755), in der Nähe geboren, hatte hier seinen Lebensmittelpunkt. Johanna von Lestonnac, Ordensgründerin und Heilige der römisch-katholischen Kirche, war seine Nichte. Auch verbrachte der Maler Francisco de Goya in Bordeaux seine letzten Lebensjahre († 1828).

Charles de Secondat, Baron de Montesquieu (1689-1755), Staatsphilosoph der Aufklärung und Propagandist der Gewaltenteilung

→ Siehe auch: Liste der Erzbischöfe von Bordeaux

Söhne und Töchter:

→ Hauptartikel: Liste von Söhnen und Töchtern der Stadt Bordeaux

Berühmte Persönlichkeiten aus Bordeaux sind unter anderem:

- König Richard II. von England
- Jean-Baptiste Gay, französischer Innenminister
- Odilon Redon, französischer Maler
- Philippe Sollers, französischer Schriftsteller
- Florent Serra, französischer Tennisspieler

Politik

Politische Traditionen

Bordeaux ist traditionell eine Hochburg des Liberalismus französischer Prägung. Die Erfahrungen durch den bereits im Mittelalter hier weit entwickelten Freihandel haben bewirkt, dass die schon früh sehr selbstbewussten Bürger ihre Interessen formulierten und sogar unter feudalen oder absolutistischen Systemen auch durchsetzten. Galt diese Einstellung vor der französischen Revolution noch als fortschrittlich, wurde sie bald darauf in Misskredit gebracht, denn mit der freiheitlichen Einstellung bourgeoiser Art war auch das bedingungslose Eintreten für Privateigentum und das Streben nach individuellem Wohlstand verbunden.

Trotz mancher Wandlungen in der politischen Landschaft ist Bordeaux in seiner Mehrheit dieser Tradition treu geblieben: Während Aquitanien und hier besonders das Département Gironde eine Hochburg der Sozialisten geblieben ist, hat sich Bordeaux selbst seit Mitte des 20. Jahrhunderts für bürgerliche Ratsmehrheiten entschieden und seine Bürgermeister immer aus den Parteien der Konservativen oder Wirtschaftsliberalen gewählt.

Bürgermeister

Folgende Bürgermeister standen der Stadt seit dem 20. Jahrhundert vor:

1904–1908 Alfred Daney

1908–1912 Jean Bouche

1912–1919 Charles Gruet

1919–1925 Fernand Philippart

1925–1944 Adrien Marquet

1944–1947 Fernand Audeguil

1947–1995 Jacques Chaban-Delmas (RPR)

1995–2004 Alain Juppé (RPR, später UMP).

2004-2006 Hugues Martin UMP-UDF

ab 2006 Alain Juppé

Michel de Montaigne, Bürgermeister von Bordeaux im 16. Jahrhundert

Für eine Liste aller Bürgermeister seit 1200 siehe hier [5]. Der berühmteste Bürgermeister von Bordeaux war Michel de Montaigne, Schriftsteller und wegweisender Philosoph des Humanismus im 16. Jahrhundert.

Städtepartnerschaften

- Bristol (Großbritannien) seit 1947
- Baku (Aserbaidschan)
- Lima, Peru, seit 1957
- Québec, (Kanada, seit 1962
- München, Deutschland, seit 1964
- Los Angeles, USA, seit 1968
- Porto, Portugal, seit 1978
- Fukuoka, Japan, seit 1982
- Madrid, Spanien, seit 1984
- Ashdod, Israel, seit 1984
- Casablanca, Marokko, seit 1988
- Wuhan, Volksrepublik China, seit 1998

- Oran, Algerien, seit 2003
- Samsun, Türkei, seit 2010

Über die Städtepartnerschaften hinaus bestehen Kooperationsabkommen mit Sankt Petersburg (Russland) und Krakau (Polen).

Wappen

Das Wappen ist auf die Zeit unmittelbar nach dem Ende des Hundertjährigen Krieges zurückzuführen. Die Lilien auf blauem Grund im Schildhaupt stehen für das königliche Frankreich, der goldene Leopard auf rotem Grund symbolisiert das Herzogtum Guyenne und die Burg das Rathaus von Bordeaux, das damals in dem heute nicht mehr existierenden Stadtschloss untergebracht war (heute existiert nur noch der Turm mit der *Grosse Cloche*). Die Mondsichel in den Flusswellen weist auf den Namen *Port de la Lune* hin und unterstreicht dergestalt die Rolle der Stadt für den Seehandel. Diese Anordnung der Symbole unterstreicht den französischen Anspruch auf Stadt und Landschaft und findet sich im Wahlspruch der Stadt wieder. Im Vollwappen ist der Spruch in einem Spruchband unterhalb des Schildes zu finden; über dem Schild befindet sich eine Mauerkrone mit sieben Zinnen - zuweilen durch eine gräfliche Krone ersetzt - und zur Linken und zur Rechten wird er von zwei Antilopen gehalten.

Die drei Mondsicheln als Fassadenschmuck über einem Hauseingang.

Als Symbol für Bordeaux hat die Mondsichel über die Zeit eine besondere Bedeutung erhalten. Seit einigen hundert Jahren hat sich eine grafische Form entwickelt, die drei ineinander verkreuzte Sicheln darstellt und als verkürzte Form des Wappens verwendet wird. Die Stadtverwaltung nutzt dieses Zeichen als Plakette zur Kennzeichnung städtischen Eigentums oder städtischer Aktivität, auch als imageförderndes Markenzeichen, ähnlich wie ein Logo. Auch unter der Bevölkerung ist es sehr beliebt: Die *trois croissants* schmücken Häuserfassaden, Kleidungsstücke, sind als Aufkleber etc. erhältlich.

Wirtschaft

Seit jeher ist die Wirtschaft von Bordeaux untrennbar mit dem Wein und dem Hafen verbunden. Auch heute spielen Handel, Verkehr und Dienstleistungen die entscheidende Rolle in der lokalen Wirtschaft. Dagegen ist Bordeaux erst spät zu einem industriellen Standort geworden und schon kurze Zeit später in eine Strukturkrise geraten. Nach deren Bewältigung sind dort überwiegend Zukunftstechnologien angesiedelt worden. Trotzdem ist die Arbeitslosenquote mit 11,2 % im ANPE-(Arbeitsamts-)Bezirk und Besorgnis erregenden 19,7 % im Stadtgebiet die höchste der Region.

Die Cité Mondiale du Vin, Kongress- und Veranstaltungszentrum rund um den Wein

Dienstleistungssektor

Wein und Seehandel sind noch heute wichtige Wirtschaftsfaktoren: Zwar nimmt der Hafen nur noch die sechste Stelle in Frankreich ein, aber die unangefochtene Stellung ihres Weines in der Welt hat sich bis heute erhalten. Über Bordeaux werden jährlich 6 Millionen Hektoliter von 14.000 Herstellern über 400 Händler abgewickelt, was einem Jahresumsatz von 14,5 Milliarden € entspricht.

Die Allées de Tourny mit der Maison Internationale du Vin - Zentrum des Einzelhandels für Luxusbedarf

Auch außerhalb des Weingeschäfts liegt das Schwergewicht der Bordelaiser Wirtschaftsleistung im tertiären Sektor, der fast 90 % zur Wirtschaftsleistung beisteuert: Groß- und Einzelhandel sind stark vertreten und teilweise auf den Vertrieb regionaler oder spezialisierter Produkte ausgerichtet. Aufgrund der verkehrsgünstigen Lage betreiben Land- und Seespeditionen von hier aus vielfältige Aktivitäten, wobei der Güterumschlag über die Straße mit 90 Millionen Tonnen pro Jahr das zehnfache der über See abgewickelten Menge erreicht. Als Verwaltungszentrum der Region und des Départements verfügt die Stadt über eine starke administrative Stellung. Hinzu kommen die Universität und Institute wie das Institut für Önologie. Messen und Kongresse sind die Ursache für die hohe Anzahl geschäftlicher Übernachtungen; private Übernachtungen sind der gewachsenen Rolle des Tourismus geschuldet. Das Bild wird abgerundet durch fast 3.200 verschiedene Dienstleistungsunternehmen.

Seit den siebziger Jahren hat sich Bordeaux als Messestandort positioniert. Größte Publikumsmesse ist die jährlich im Mai stattfindende Buchmesse (*Salon du Livre*); Fachmessen wie die *Vinexpo* oder die *Vinitech* richten sich vornehmlich an gewerbliche Besucher.

Industrie

Die Agglomeration zählt 88 Gewerbegebiete, die durch sechs so genannte „Technologiepole" ergänzt werden. Bordeaux hat fünf industrielle Schwerpunkte zu strategischen Standortfaktoren erklärt: Luft- und Raumfahrt (20.000 direkte Arbeitsplätze an 30 Standorten), Elektronik, Chemie und Pharmaindustrie, Automobilbau (beispielsweise der Automobilhersteller Ford, der hier die weltweite Getriebeproduktion errichtet hat) und Baumaterial.

Bildung

In Bordeaux besteht ein großes und differenziertes Bildungsangebot. Allein 70.000 Studenten verteilen sich auf die vier Universitäten, die gemeinsam als *Universität Bordeaux* auftreten, aber formal unabhängig voneinander sind. Neben der Universität zählt die Stadt acht *Ingenieurshochschulen*, vier *Wirtschaftshochschulen*, das *Institut d'études politiques de Bordeaux* und fünf sonstige Hochschulen, darunter die berühmte *Santé Navale*, die für das Gesundheitswesen der Marine ausbildet. In Bordeaux befindet sich die *École nationale de la magistrature (ENM)*, die französische Ausbildungsstätte für Richter und Staatsanwälte. *Saint-Joseph de Tivoli* gilt als eine der ältesten Schulen der Stadt.

Die Santé Navale, Postkartendarstellung von 1900

Medien

Bordeaux ist Standort der Sud-Ouest-Mediengruppe, die neben der regionalen Tageszeitung *Sud Ouest* und ihrer Sonntagsausgabe auch eine Reihe von Ratgebern, Magazinen und Bildbänden herausgibt. Das Verbreitungsgebiet der Tageszeitung reicht bis in die Charente, das Limousin und die Pyrenäen; die Auflage gehört zu den höchsten in ganz Frankreich. Traditionsreich sind in Bordeaux Buchverlage, weswegen die Stadt auch Standort einer Buchmesse ist. Zudem unterhalten die Fernseh- und Radioanstalten (z. B. France 3) Regionalbüros in Bordeaux, der lokale

Fernsehsender *TV 7 Bordeaux* hat hier ebenfalls seinen Sitz. Auch einige freie Radiosender sind dort angesiedelt.

Sehenswürdigkeiten

Bordeaux ist eine Stadt, die nicht durch herausragende Einzelbauten, sondern durch die grandiose, fast vollständig erhaltene Anlage der Stadt besticht, die ihr historisches Bild bis heute erhalten hat. Darin ist sie Städten wie Amsterdam oder Lissabon ähnlich. Die Stadtanlage veranlasste Victor Hugo zu der Bemerkung, Bordeaux sei eine Mischung aus Versailles und Antwerpen, also aus palastartiger Architektur und Handelsstadt am Fluss. Insbesondere im historischen Zentrum, aber auch darüber hinaus bietet sie immer wieder überraschende Eindrücke, sei es durch die spätbarocke Anordnung der Straßen und Plätze oder durch die beeindruckende Harmonie ihrer Häuserzeilen, durch Parks und Gärten. Die „Fassade" zur Garonne ist weltberühmt: Auf mehreren Kilometern ziehen sich hohe, schmale Bürgerhäuser das Ufer entlang, unterbrochen durch einzelne Repräsentationsbauten. Dahinter ragen die Dächer von Kirchen und alten Stadttoren empor. Das historische Ensemble gilt als das größte, geschlossenste und schönste von ganz Frankreich und wird als Kulisse für unzählige Film- und Fernsehproduktionen genutzt.

Nordportal der Kathedrale Saint-André mit den 81 m hohen Türmen

Sakralbauten:

- Kathedrale Saint-André: die Kathedrale Saint-André ist ein einschiffiger angevinisch romanischer Bau mit gotischen Erweiterungsbauten, mit 127 Metern Länge eine der größten Kathedralbauten Frankreichs. Der freistehende Turm Pey-Berland wurde im flamboyanten Stil zwischen 1440 und 1450 hinzugefügt. Er ist mit 50 m Höhe der höchste öffentliche Aussichtspunkt der Stadt (→Lage [6]).
- Basilika *Saint-Michel:* Auch die gotisch-flamboyante Basilika *Saint-Michel* verfügt über einen freistehenden Turm, der mit 114 Metern Höhe die zwei 81 m hohen Türme der Kathedrale Saint-André noch überragt und seit seiner Errichtung im 16. Jahrhundert lange Zeit das höchste Bauwerk von Bordeaux war. Hervorzuheben ist die Buntverglasung aus der zweiten Hälfte des 20. Jahrhunderts (→Lage [7]).
- Pfarrkirche *Saint-Pierre:* die spätgotische Pfarrkirche inmitten der Altstadt besticht durch ein Portal mit kleinen Archivoltenfiguren (→Lage [8]).

Die Kirche Saint-Pierre

- *Sainte-Croix:* romanische Kirche, im 12. Jahrhundert auf frühchristlichen Vorgängerbauten als Abteikirche errichtet, die Westfront im 19. Jahrhundert von Paul Abadie so vollständig renoviert, dass man fast von einem Neubau sprechen kann. Die Fassade der Kirche ist überwiegend aus dem 12. Jahrhundert und stellt mit ihrem Figurenschmuck einen der Höhepunkte der angevinischen Romanik dar. Im Inneren befindet sich Orgel des Dom Bedos, das größte Werk dieses Orgelbauers des 18. Jahrhunderts. (→Lage [9]).
- *Saint Louis-de-Chartrons:* gotisch, die Kirche *Saint-Louis* ist mit ihren zwei Türmen eine der höchsten Kirchen in Bordeaux. Berühmt ist auch die Orgel von G. Wenner aus dem Jahre 1881. Nachts sind die Türme innen blau beleuchtet (→Lage [10]).

Die Kirche Saint-Louis bei Nacht

- Kirche *Notre-Dame:* barock, als Dominikanerkirche Ende des 17. Jahrhunderts errichtet (→Lage [11]).
- *Sainte Marie de la Bastide:* Die Kirche *Sainte-Marie* liegt auf der östlichen Flussseite. Sie gehört zu den höchsten Bauwerken des Ortsteiles *La Bastide.* Die Kuppel des Turmes sieht denen der Basilique du Sacré-Cœur in Paris sehr ähnlich (→Lage [12]).
- *Saint-Seurin:* gotisch, mit einem Skulpturenportal des 13. Jahrhunderts. Die Kirche weist in ihrer Krypta sowie in der Turmhalle Elemente galloromanischer Architektur auf (→Lage [13]).

Das Grabmal von *Jean Catherineau* auf dem *Cimetière de la Chartreuse*

- *Synagoge von Bordeaux:* Die Synagoge wurde von der damals außergewöhnlich großen jüdischen Gemeinde am Ende des 19. Jahrhunderts erbaut und gehört zu den größten und schönsten ihrer Art (→Lage [14]).
- *Sacré Coeur de Bordeaux:* Die Kirche gehört mit ihren zwei Türmen ebenfalls zu den höchsten Kirchen in Bordeaux. Sie liegt am südlichen Rand der Altstadt in der Nähe des Hauptbahnhofes (→Lage [15]).
- *Saint-Bruno:* romanisch mit aufwendig gestaltetem Chor aus Granit und Marmor, geschmückt mit mehreren Figuren (→Lage [16]). Auf der anderen Straßenseite befindet sich der Große Friedhof von Bordeaux, der *Cimetière de la Chartreuse*, mit vielen Mausoleen, Grapkapellen und anderen künstlerisch gestalteten Grabmalen. Besonders berühmt ist das Grabmal von *Jean Catherineau* (1802–1874): eine große, gruselig wirkende Figur eines Sensenmanns. Der berühmteste Prominente ist der Maler Francisco de Goya (→Lage [17]).

Das Grand Théâtre de Bordeaux

Profanbauten:

- Le Grand Théâtre: Das „Grand Théâtre“ wurde von 1773 bis 1780 von Victor Louis im Stil des Klassizismus italienischer Prägung errichtet. Am 7. April 1780 eröffnete das Theater.[18] Aufgeführt wurde das Drama *Athalie* von Jean Racine. Das Theater ist eines der Wahrzeichen von Bordeaux und galt nach seiner Fertigstellung als größtes und schönstes von ganz Frankreich, in dem die bekanntesten Ensembles ihre Vorstellungen gaben. Seit 1991 ist im Inneren die originale Einrichtung in blau, gold und Marmor wiederhergestellt (→Lage [19]).

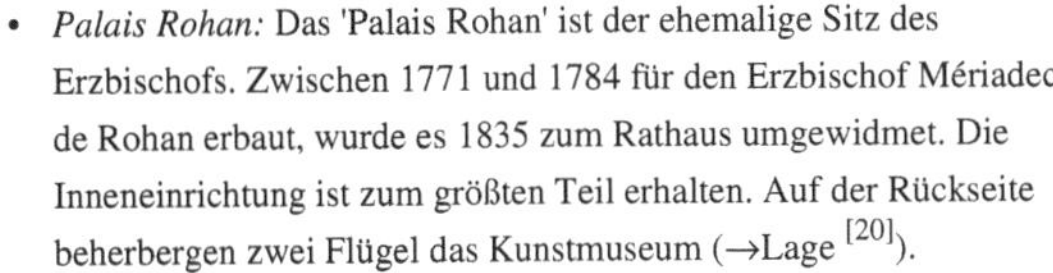

- *Palais Rohan:* Das 'Palais Rohan' ist der ehemalige Sitz des Erzbischofs. Zwischen 1771 und 1784 für den Erzbischof Mériadec de Rohan erbaut, wurde es 1835 zum Rathaus umgewidmet. Die Inneneinrichtung ist zum größten Teil erhalten. Auf der Rückseite beherbergen zwei Flügel das Kunstmuseum (→Lage [20]).
- Die *Grosse Cloche* oder der *Porte Saint-Eloi:* ist der ehemalige Rathausturm, der nach Niederlegung des Hauptgebäudes als Stadttor fungierte. Namensgeber ist die riesige, fast acht Tonnen schwere Glocke, die in ihrem zentralen Teil aufgehängt ist. Flankiert wird sie von zwei 41 Meter hohen Türmen. Die Uhr wurde 1759, die Glocke 1775 angebracht. Die Grosse Cloche ist ein weiteres Wahrzeichen von Bordeaux, das sich auch im Stadtwappen wiederfindet (→Lage [21]).
- Die *Porte Cailhau*, ebenfalls früheres Stadttor, ist mit der Grosse Cloche eines der wenigen Zeugnisse aus mittelalterlicher Zeit. Sie wurde ab 1495 zu Ehren von Karl VIII. errichtet (→Lage [22]).
- Die *Porte de Bourgogne* oder *Porte des Salinières* ist ein weiteres ehemaliges Stadttor gegenüber der Brücke Pont de Pierre, das Mitte des 18. Jahrhunderts errichtet wurde (→Lage [23]). Es gibt noch drei weitere ehemalige Stadttore ähnlicher Bauart: *Porte Dijeaux* (→Lage [24]), *Porte d'Aquitaine* (→Lage [25]) und *Porte de la Monnaie* (→Lage [26]).

Porte Cailhau

Der Place de la Bourse mit Miroir d´eau und Tram

Der Pont de Pierre, zentrale Brücke aus napoleonischer Zeit

- Das *Palais Gallien* bezeichnet keinen Palast, sondern die Überreste eines römischen Amphitheaters aus dem 3. Jahrhundert, das ein Fassungsvermögen von 15.000 Zuschauern hatte (→Lage [27]).

Moderne Architektur

- Der Neubau des Justizpalastes nach Entwurf von Richard Rogers beeindruckt durch die wie riesige Eier geformten Sitzungssäle, die als freistehende ovale Baukörper in eine Glasarchitektur mit gewelltem Dach gestellt sind.

Straßen, Plätze, Brücken:

- Die *Place des Quinconces* ist mit einer Fläche von 126.000 m² einer der größten unbebauten Plätze Europas. Der Platz wurde 1820 nach der Schleifung der Festungsanlagen an der Stelle des ehemaligen Château de la Trompette eingerichtet. Zur Garonne hin wurde er 1829 mit zwei 21 Meter hohen Säulen und einer Freitreppe geschmückt. Zur Stadtseite hin wird der Platz durch das Denkmal der Girondisten (*Monument aux Girondins*) abgeschlossen, eine von 1894 bis 1902 errichtete Säule mit zwei Springbrunnen und vielen weiteren Figuren, die zum Gedenken an die dem republikanischen Terror zum Opfer gefallenen Abgeordneten der Gironde errichtet wurde.
- Die *Place du Parlement* ist ein rechteckiger Platz mit geschlossener klassizistischer Bebauung aus der ersten Hälfte des 18. Jahrhunderts und wurde als Marktplatz genutzt. Heute ist er Teil der Fußgängerzone und beherbergt zahlreiche Restaurants und Cafés.
- Die *Place de la Bourse* ist der herausragendste Teil der kilometerlangen Schaufront zur Garonne. Das großartige architektonische Ensemble wurde Mitte des 18. Jahrhunderts errichtet. Im Palais de la Bourse, der alten Hafenbörse ist heute ein Zollmuseum untergebracht. Der Platz entstand als *Place Royale* 1733-43. Dort, wo jetzt der Drei Grazien-Brunnen von 1864 steht, erhob sich ein Denkmal für König Ludwig XV., das in der Französischen Revolution zerstört wurde. Architekt des Ensembles war Jacques Gabriel V. (1667-1742) mit seinem Sohn Jacques-Ange Gabriel (1698-1782).
- Die *Place de la Victoire* ist ein kreisrunder Platz, in dessen Mitte die *Porte d'Aquitaine*, ein beeindruckender Triumphbogen aus der Mitte des 18. Jahrhunderts, errichtet wurde.
- Der *Pont de Pierre*, erste Brücke der Stadt, wurde unter Napoleon erbaut. Die Legende will, dass die 17 Brückenbögen für die 17 Buchstaben des Namens „Napoléon Bonaparte“ stehen sollten.
- Der *Pont d'Aquitaine*, Autobahnbrücke aus dem Jahr 1967, ist so konzipiert, dass Hochseeschiffe passieren können.
- Die *Allées de Tourny*, zwischen 1743 und 1757 errichtet, sind das Prunkstück des von den Intendanten erbauten Straßensystems. Ursprünglich war die Nordseite nur eingeschossig, um das Schussfeld der Festung nicht zu behindern. Am Ende der Allee steht das Hôtel Meyer, erbaut 1796 für den Hamburger Konsul Meyer. Hier weilte Friedrich Hölderlin als Hauslehrer.
- Das Stadtviertel *Mériadeck*, großflächiges Verwaltungs- und Dienstleistungszentrum, ist eher etwas für Liebhaber der neueren Stadtplanung.
- Viele Straßen und Plätze sind nach Sklavenhändlern des 18. Jahrhundert benannt: *Rue Pierre-Baour*, *Place Johnson-Guillaume*, *Rue David-Gradis*, *Place John-Lewis-Brown*, *Rue Pierre-Desse*, *Rue François-Bonafé* und andere.[28]

Museen: Die kulturelle Infrastruktur von Bordeaux wird durch eine Reihe sehr bekannter Museen bereichert. Das größte von ihnen ist das *Musée d'Aquitaine*, eines der größten Regionalmuseen von Frankreich. Die reiche Sammlung zur regionalen Geschichte wird durch das *Centre Jean Moulin* ergänzt, das eine umfangreiche Ausstellung über die Geschichte der Résistance bietet. Auch die Wirtschaftsgeschichte findet ihren Platz: Der Südflügel des Palais de la Bourse ist für das Zollmuseum reserviert. Hier wird vor allem die wechselvolle Geschichte des Seehandels in Bordeaux ausgestellt.

Die Kunst nimmt in den Museen von Bordeaux einen herausragenden Platz ein. Eine große Kunstsammlung vor allem klassischer Gemälde befindet sich in der *Galerie des Beaux-Arts* und im *Musée des Beaux-Arts*, das in den rückwärtigen Seitenflügeln des Rathauses eingerichtet wurde. In unmittelbarer Nähe befindet sich das *Musée des Arts Décoratifs*. Hier ist in einem Stadtpalast des 18. Jahrhunderts eine große und berühmte Sammlung zur Kunst der Einrichtung und Innenarchitektur untergebracht.

Moderne Kunst findet sich im CAPC, einer Kunststiftung, die in den alten Zollgebäuden des Stadthafens residiert. Im *Entrepôt Lainé*, einer alten Warenlagerhalle, werden vor allem Wanderausstellungen gezeigt.

Kulinarisches

Bordeauxwein

Bordeaux ist berühmt für seine abwechslungsreiche, exquisite Küche. Die Nähe zum Meer, die umgebenden Weinberge und das von Polykulturen geprägte Hinterland bieten eine Vielzahl unterschiedlicher lokaler Spezialitäten. Es fallen viele Gerichte *à la Bordelaise* auf: Diese werden mit – in der Regel rotem – Bordeauxwein, oft auch mit Schalotten angerichtet, deren Verwendung in der Küche des französischen Südwestens Zwiebeln oder Knoblauch weitgehend verdrängt hat.

Fisch, Austern und Meeresfrüchte beziehen die Märkte insbesondere vom nahe gelegenen Arcachon, einem Zentrum der Austernzucht, und aus der Gironde. Üblicherweise wird zu Austern Weißbrot und Butter gereicht, aber auch gegrilltes Schweinehack, das einen geschmacklichen Kontrapunkt setzt. Das Frühjahr ist die Hauptsaison für Alsen, grätenreichen aber wohlschmeckenden Fischen mit weißem Fleisch, die hauptsächlich in der Gironde gefangen werden. Besonders begehrt (und entsprechend teuer) ist *Lamproie à la Bordelaise*, nämlich Neunauge, ein schlangenförmiger Fisch, dessen rotes Blut zusammen mit Rotwein zu einer aufwändigen Sauce verarbeitet wird. Die Verbundenheit mit Portugal hat dazu geführt, dass auch Stockfisch in Bordeaux sehr beliebt ist. Die *Brandade de Morue* ist ein kalt oder lauwarm servierter Salat aus gekochten Kartoffeln und Stockfischwürfeln, mit einer Vinaigrette angemacht und manchmal mit Gurke oder Schalotte verfeinert.

In Bordeaux wird dem „roten Fleisch“, insbesondere dem Rindfleisch, der Vorzug vor allen anderen Fleischsorten gegeben. Auch hier existieren viele Varianten mit Rotweinsaucen, besonders bekannt ist Entrecôte à la Bordelaise, das Zwischenrippenstück, mit reichlich Schalotten bedeckt. Wie im Périgord ist auch Confit, eingelegte Stücke von Gans oder Ente, ein Grundbestandteil der Küche. Stopfleber oder Pastete wird außer aus dem Périgord auch aus den Landes bezogen. Bemerkenswert ist, dass das Bordelais als nahezu einzige Region Frankreichs nie einen eigenen Käse hervorgebracht hat. Neben den Erzeugnissen benachbarter Regionen bevorzugen die Bordelais traditionell Holländer Käse, der bereits vor Hunderten Jahren in die Stadt eingeführt wurde.

Canelés in der Auslage eines Spezialgeschäfts

Eine echte Bordelaiser Spezialität sind die *Canelés*. Dies sind kleine Kuchen, die in einer charakteristischen, gugelhupfartigen Form gebacken werden und nicht höher als 10 cm sind. Ein gelungener Canelé trägt eine karamellisierte Kruste, die je nach Backzeit von goldgelb bis dunkelbraun reichen kann. Das Innere ist dagegen weich, luftig und cremig-klebrig. Rum und Vanille sorgen für den unverwechselbaren Geschmack. Canelés müssen tagesfrisch gegessen werden, weswegen sie nicht nur teuer sind, sondern auch nicht exportiert werden können. Es existieren nur sehr wenige renommierte Anbieter. Canelés sollen ohne Eiweiß ausschließlich aus Eigelb gebacken werden, da das Eiweiß im Weinkeller für den Rotwein benötigt wird: es wird zum Klären des Rotweines schaumig geschlagen, auf die Oberfläche des Weines gegeben und sinkt als Vorhang im Wein herab, wobei das Eiweiß auf seinem Weg herab alle Trübstoffe des Weines bindet. Das Eigelb hingegen bleibt beim Aufschlagen der Eier überzählig und wird zum Backen von Canelés verwendet. Somit sind Canelés eigentlich eine Verlegenheitslösung, um nicht zu viel Eigelb dem Abfall zu überantworten, bzw. eine Art der Resteverwertung.

Sport

Sportliches Aushängeschild sind die Girondins de Bordeaux, die bereits sechsmal französischer Fußballmeister waren, aber auch über eine Handballmannschaft verfügen. Im französischen Südwesten ist neben Fußball Rugby Union weit verbreitet und äußerst populär. Die lokalen Vereine sind Stade Bordelais und CA Bordeaux-Bègles Gironde; sie stellen eine gemeinsame Profimannschaft namens Union Bordeaux Bègles.

Ein besonders inniges Verhältnis pflegt die Stadt zum Radsport: Bordeaux ist regelmäßig Etappenstadt der Tour de France und gilt neben der Ankunft auf der Pariser Champs-Elysées als prestigeträchtigste Ankunft für Sprinter. Lange Zeit existierte außerdem das Eintagesrennen Bordeaux-Paris, in dem die ca. 600 Straßenkilometer zwischen den beiden Städten innerhalb eines Tages bezwungen werden mussten. Es galt daher als das härteste Radrennen der Welt. Dies war auch ein Grund dafür, dass es Ende des 20. Jahrhunderts eingestellt wurde.

Bordeaux ist ebenfalls geprägt durch die an der Atlantikküste regelmäßig ausgerichteten Surfturniere: Die Wellen an der Côte d'Argent gelten als weltweit eines der idealen Ziele für Wellenreiter; im nahen Lacanau finden jährlich Wettbewerbe unter großer Beachtung der Öffentlichkeit statt. Auch nutzen Surfer den Mascaret, eine Gezeitenwelle in der Gironde die sich unter günstigen Bedingungen bis in die Stadt fortsetzt. Insbesondere um die Tag-und-Nacht-Gleiche schieben sich durch die speziellen Flutverhältnisse bis zu drei Meter hohe Wellen in den Mündungstrichter, die ausgiebig von Wellenreitern genutzt werden.

Bordeaux ist einer der Austragungsorte der Fußball-Europameisterschaft 2016. Zurzeit gibt es in Bordeaux das Stade Chaban-Delmas. Da sich das Stadion aber nicht weiter ausbauen lässt, ohne den Art-Déco-Stil zu zerstören, soll im Bordeauxer Stadtviertel Lac ein neues Stadion für 42.000 Zuschauer gebaut werden.

Verkehr

Bordeaux ist seit jeher eine sehr verkehrsgünstig gelegene Stadt. Bereits zur Römerzeit kreuzten sich hier die Reichsstraßen und der Hafen gehörte zu den größeren seiner Epoche. Im Mittelalter verlief eine der Hauptrouten des Jakobswegs durch Bordeaux. Auch das napoleonische Straßensystem hatte in der Stadt einen seiner Knotenpunkte.

Straße:

Der Straßenverkehr spielt in Bordeaux eine bedeutende Rolle: Der internationale Warenverkehr von Portugal und fast ganz Spanien wird über die Stadt geleitet. Im Sommer kommen mehrere Reisewellen von Individualurlaubern hinzu. Privater und gewerblicher Verkehr haben dazu geführt, dass Bordeaux bereits sehr früh ins französische Autobahnnetz eingebunden wurde. Hier kreuzen sich heute die A 10 (Paris-Bordeaux), die südlich als N 10 nach Spanien weiterführt, die A 62 (Bordeaux-Toulouse-Narbonne), die A 63 (Bordeaux-Arcachon) zum Meer und die 2007 fertig gestellte A 89 (Bordeaux-Lyon).

Schon in der frühen Nachkriegszeit wurden die Verkehrsprobleme derart offensichtlich, dass ein durchgehender Autobahnring erforderlich war. Die A 10 wird seit 1967 über den Pont d'Aquitaine, eine gewagte Hängebrückenkonstruktion, geführt. Im Verlauf der siebziger und achtziger Jahre konnte der Ring geschlossen werden. Im Süden überquert diese so genannte *Rocade*, die Garonne über den Pont François Mitterrand ein zweites Mal. Bis dahin wurde der Straßenverkehr ausschließlich über die beiden innerstädtischen Brücken (Pont de Pierre und Pont St. Jean) geführt.

Bahn:

Bordeaux ist ein wichtiger Eisenbahnknotenpunkt: Der Hauptbahnhof Gare Saint-Jean, 1898 erbaut, zeugt von der Bedeutung, die die Stadt bereits im vorvergangenen Jahrhundert hatte. Dieser war zunächst Kopfbahnhof und nordwestlicher Knoten der *Compagnie des Chemins de Fer du Midi*, deren Streckennetz fast ganz Südfrankreich abdeckte. Auf der anderen Seite der Garonne befand sich sein – kleineres – Gegenstück, der *Gare d'Orléans*, der südwestlicher Endpunkt der *Compagnie des Chemins de Fer Paris-Orléans* war.

Die Eisenbahnbrücke Pont Saint-Jean auf einer Postkartendarstellung um 1900

Schon früh wurde der *Pont Saint-Jean* als erste Eisenbahnbrücke über die Garonne geschlagen. Nach der Fusion der beiden Eisenbahngesellschaften 1934 konnte der Hauptbahnhof zum Durchgangsbahnhof ausgebaut werden und der Gare d'Orléans verlor seine Bedeutung. Nach dessen Aufgabe war er zwischenzeitlich vom Abriss bedroht – heute ist in dem kernsanierten Gebäude ein Multiplexkino untergebracht.

Über Bordeaux verläuft heute die wichtige Achse Paris-Irun, die in ihrer ganzen Länge vom TGV bedient wird. Zwischen Paris und Bordeaux ist sie fast durchgängig als Schnellstrecke ausgebaut; 15 Verbindungen verkehren täglich zwischen beiden Städten. Die Fahrzeit beträgt mindestens 3 Stunden und 18 Minuten. Außerdem befindet sich eine TGV-Verbindung über Toulouse in den Mittelmeerraum in Planung.

Luft:

Flugverbindungen gewinnen in Bordeaux zunehmend an Bedeutung. Der Flughafen Bordeaux befindet sich in Mérignac im Westen des Ballungsraums und kann mit einem Zubringerbus erreicht werden. In den neunziger Jahren hat der Flughafen seine Kapazitäten bedeutend erweitert, indem ein neues Terminal errichtet wurde. Über Mérignac werden auch Güter abgefertigt.

Schiff:

Die Schifffahrt spielte in Bordeaux immer eine herausragende Rolle. Zeitweise der größte Hafen Frankreichs, ist die Stadtmitte heute nur noch Anlaufziel von Kreuzfahrtschiffen und Ausflugsbooten. Mit 16 Kreuzfahrtschiffen und 13.000 Passagieren alleine im Jahr 2004 belegt Bordeaux in dieser Hinsicht allerdings Platz zwei der französischen Häfen. Die industriellen Hafenanlagen befinden sich heute außerhalb des Stadtgebiets in einem Streifen von Bassens an der Bordelaiser Stadtgrenze bis Le Verdon, über 100 km entfernt.

Der ehemalige Stadthafen von Bordeaux an der Garonne. Im Vordergrund das Kriegsschiff *Colbert*.

Im Rahmen der Neugestaltung des Ufergeländes der Garonne wurde auch der Kreuzer Colbert abgezogen.

Die Garonne aufwärts liegt der Flusshafen, der für die Binnenschifffahrt und die Touristik eine gewisse Bedeutung hat. Für Diskussionen hat der Bau des Airbus A 380 gesorgt, der teilweise in Toulouse gefertigt wird: Für den Transport der Bauteile auf der Garonne wurde erwogen, den historischen Pont de Pierre baulich anzupassen, d. h. die Brückenbögen teilweise zu verbreitern, was Konservatoren, die sich die Veränderungen in der Brücke deutlich vorstellen konnten, auf den Plan rief.

Um die großen Airbus-Teile, wie Rumpf und Cockpit unter der Pont Pierre transportieren zu können, werden diese Teile in Pauillac auf kleinere Barken verladen, die diese Teile bis Langon transportieren. Dennoch ist die Durchfahrt nur bei niedrigem Wasserstand der Garonne, also bei Ebbe möglich.

Personennahverkehr:

Tram der Linie B in der Nähe der Kathedrale

Der ÖPNV hat sich seit einiger Zeit gemausert: Durch die TBC werden zahlreiche Bus- und seit 2004 wieder Straßenbahnlinien (Linie A, B, C) betrieben. Die Straßenbahnen verfügen dabei über ein neu entwickeltes System, durch welches in der Innenstadt die Oberleitungen aus ästhetischen Gründen in den Boden verlegt werden konnten. Die Entscheidung fiel, als die Buslinien im Dauerstau nicht mehr vorwärts kamen und der Bau einer U-Bahn aufgrund der Nähe zum Meer und der tiefen Lage der Stadt nicht möglich war. Nach anfänglichen technischen Schwierigkeiten, welche die Bevölkerung der Stadt oft gegen das neue Straßenbahnsystem aufgebracht hatten, funktioniert die Straßenbahn nun zufriedenstellend.

Literatur

- Graneri-Clavé, Mario (Hrsg.): *Le Dictionnaire de Bordeaux.* Nouvelles Editions Loubatières, Portet-sur-Garonne 2006, ISBN 2-86266-478-2
- Robert Coustet, Marc Saboya: *Bordeaux - La conquête de la modernité.* Editions Mollat, Bordeaux 2005, ISBN 2-909351-85-8
- Don Kladstrup, Petie Kladstrup: *Wein & Krieg.* Deutscher Taschenbuchverlag, München 2004, ISBN 3-423-34152-1
- Michel Figeac, Pierre Guillaume (Hrsg.): *Histoire des Bordelais.* Editions Mollat, Bordeaux 2003, ISBN 2-909351-75-0
- Robert Joseph: *Bordeaux und seine Weine.* Hallwag, München 2003, ISBN 3-7742-0978-2
- Gérard Nahon, *Juifs et judaïsme à Bordeaux*, Paris 2003
- Manfred Görgens: *Bordeaux & Atlantikküste.* DuMont Reiseverlag, Köln 2002, ISBN 3-7701-5851-2
- René Terrisse: *Bordeaux 1940-1944.* Editions Perrin, Paris 1993, ISBN 2-262-00991-0
- Paul Butel: *Les négociants bordelais, l'Europe et les îles au XVIIème siècle.* Aubier Montaigne, Paris 1992, ISBN 2-7007-1975-1

Einzelnachweise

[1] http://toolserver.org/~geohack/geohack.php?pagename=Bordeaux&language=de¶ms=44.8377777778_N_0.579444444444_W_dim:20000_region:FR-33_type:city(236725)&title=Bordeaux

[2] http://recensement.insee.fr/searchResults.action?codeZone=33063-COM

[3] http://worldweather.wmo.int/062/c01050.htm

[4] Pierer's Universal-Lexikon, Band 6. Altenburg 1858, S. 537. (http://www.zeno.org/Pierer-1857/K/pierer-1857-006-0537)

[5] http://www.bordeaux.fr/ebx/portals/ebx.portal?_nfpb=true&_pageLabel=pgPresStand8&classofcontent=presentationStandard&id=1401

[6] http://toolserver.org/~geohack/geohack.php?pagename=Bordeaux&language=de¶ms=44.8376611111_N_0.577555555556_W_dim:100_region:FR-33_type:landmark&title=Kathedrale+Saint-Andr%C3%A9+in+Bordeaux

[7] http://toolserver.org/~geohack/geohack.php?pagename=Bordeaux&language=de¶ms=44.8344361111_N_0.565366666667_W_dim:100_region:FR-33_type:landmark&title=%22Saint%22+Michel+in+Bordeaux

[8] http://toolserver.org/~geohack/geohack.php?pagename=Bordeaux&language=de¶ms=44.8397777778_N_0.570258333333_W_dim:100_region:FR-33_type:landmark&title=%22Saint%22+Pierre+in+Bordeaux

[9] http://toolserver.org/~geohack/geohack.php?pagename=Bordeaux&language=de¶ms=44.8310555556_N_0.560947222222_W_dim:100_region:FR-33_type:landmark&title=%22Sainte%22+Croix+in+Bordeaux

[10] http://toolserver.org/~geohack/geohack.php?pagename=Bordeaux&language=de¶ms=44.8515638889_N_0.572180555556_W_dim:100_region:FR-33_type:landmark&title=%22Saint%22+Louis+in+Bordeaux

[11] http://toolserver.org/~geohack/geohack.php?pagename=Bordeaux&language=de¶ms=44.842625_N_0.576488888889_W_dim:100_region:FR-33_type:landmark&title=%22Notre%22+Dame+in+Bordeaux

[12] http://toolserver.org/~geohack/geohack.php?pagename=Bordeaux&language=de¶ms=44.8430972222_N_0.556711111111_W_dim:100_region:FR-33_type:landmark&title=%22Sainte%22+Marie+in+Bordeaux
[13] http://toolserver.org/~geohack/geohack.php?pagename=Bordeaux&language=de¶ms=44.8432388889_N_0.585683333333_W_dim:100_region:FR-33_type:landmark&title=Saint-Seurin+in+Bordeaux
[14] http://toolserver.org/~geohack/geohack.php?pagename=Bordeaux&language=de¶ms=44.833655_N_0.573886_W_dim:100_region:FR-33_type:landmark&title=Synagoge+von+Bordeaux
[15] http://toolserver.org/~geohack/geohack.php?pagename=Bordeaux&language=de¶ms=44.8226194444_N_0.563411111111_W_dim:100_region:FR-33_type:landmark&title=%22Sacr%C3%A9%22+Coeur+in+Bordeaux
[16] http://toolserver.org/~geohack/geohack.php?pagename=Bordeaux&language=de¶ms=44.8377972222_N_0.589841666667_W_dim:100_region:FR-33_type:landmark&title=Saint-Bruno+in+Bordeaux
[17] http://toolserver.org/~geohack/geohack.php?pagename=Bordeaux&language=de¶ms=44.8355555556_N_0.593888888889_W_region:FR-33_type:landmark&title=Cimeti%C3%A8re+de+la+Chartreuse+in+Bordeaux
[18] www.andreas-praefcke.de - Bordeaux: Grand Théâtre (http://www.andreas-praefcke.de/carthalia/france/f_bordeaux_grandtheatre.htm), abgefragt am 6. April 2010
[19] http://toolserver.org/~geohack/geohack.php?pagename=Bordeaux&language=de¶ms=44.8426222222_N_0.573586111111_W_dim:100_region:FR-33_type:landmark&title=%22Grand%22+Th%C3%A9%C3%A2tre+in+Bordeaux
[20] http://toolserver.org/~geohack/geohack.php?pagename=Bordeaux&language=de¶ms=44.8379027778_N_0.579613888889_W_dim:100_region:FR-33_type:landmark&title=%22Palais%22+Rohan+in+Bordeaux
[21] http://toolserver.org/~geohack/geohack.php?pagename=Bordeaux&language=de¶ms=44.8354166667_N_0.571411111111_W_dim:100_region:FR-33_type:landmark&title=%22Grosse%22+Cloche+in+Bordeaux
[22] http://toolserver.org/~geohack/geohack.php?pagename=Bordeaux&language=de¶ms=44.8387944444_N_0.568480555556_W_dim:100_region:FR-33_type:landmark&title=Porte+Cailhau+in+Bordeaux
[23] http://toolserver.org/~geohack/geohack.php?pagename=Bordeaux&language=de¶ms=44.8363305556_N_0.566222222222_W_dim:100_region:FR-33_type:landmark&title=%22Porte%22+de+Bourgogne+in+Bordeaux
[24] http://toolserver.org/~geohack/geohack.php?pagename=Bordeaux&language=de¶ms=44.8406666667_N_0.579805555556_W_dim:100_region:FR-33_type:landmark&title=%22Porte%22+Dijeaux+in+Bordeaux
[25] http://toolserver.org/~geohack/geohack.php?pagename=Bordeaux&language=de¶ms=44.8311388889_N_0.572794444444_W_dim:100_region:FR-33_type:landmark&title=%22Porte%22+d%27Aquitaine+in+Bordeaux
[26] http://toolserver.org/~geohack/geohack.php?pagename=Bordeaux&language=de¶ms=44.8331333333_N_0.561794444444_W_dim:100_region:FR-33_type:landmark&title=%22Porte%22+de+la+Monnaie+in+Bordeaux
[27] http://toolserver.org/~geohack/geohack.php?pagename=Bordeaux&language=de¶ms=44.8478166667_N_0.582880555556_W_dim:100_region:FR-33_type:landmark&title=%22Palais%22+Gallien+in+Bordeaux
[28] Jean Ziegler: *Der Hass auf den Westen*. 3. Auflage. C. Bertelsmann Verlag, München 2009, ISBN 978-3-570-01132-4, S. 65.

Weblinks

- Website der Stadt (http://www.bordeaux.fr)
- Fremdenverkehrsamt (http://www.bordeaux-tourisme.com/), u. a. ist hier ein ausführlicher Stadtplan von Bordeaux (http://www.bordeaux-tourisme.com/fr/informations/acces_centre.html) zu finden
- Eintrag in der Welterbeliste der UNESCO auf Englisch (http://whc.unesco.org/en/list/1256) und auf Französisch (http://whc.unesco.org/fr/list/1256)
- Hauptseite der Universität (http://www.u-bordeaux.fr)
- Kommunalverband CUB (http://www.lacub.com)

Carlos_Salzedo

Carlos Salzedo (* 6. April 1885 in Arcachon, Frankreich; † 17. August 1961 in Waterville, USA) war ein Harfenist und Komponist.

Er studierte an den Konservatorien von Bordeaux und Paris Harfe und Klavier und ging 1909 als Solo-Harfenist an die Metropolitan Opera in New York. Ab 1924 war er Professor für Harfe am Curtis Institute in Philadelphia.

Salzedo, der als Komponist vor allem für sein eigenes Instrument komponierte, war als Solist und Musikpädagoge einer der wichtigsten Harfenisten des 20. Jahrhunderts.

Werke für Harfe (Auswahl)

- Variations in the Ancient Style
- Annie Laurie
- Ballade
- Ballade pour harpe seule
- Believe me, if all those endearing Young Chams
- Chanson chagrine
- Chanson dans la nuit
- Cinq Petits Préludes Intimes
- Deep river
- Favorite Melodies: The Last Rose of Summer
- Fraicheur
- I Wonder as I Wander
- Introspection
- Iridescence
- Jeux d'eau (Playing Waters)
- Jingle Bells
- Jolly Piper
- Lamentation
- Londonderry Air
- Paraphrases on Christmas Carols (1954)
- Pavane
- Prelude for a Drama
- Quiètude
- Recessional
- Scintillation
- Sketches for Harp Beginners, Vol. I
- Sketches for Harp Beginners, Vol. II
- Song of the Volga Boatman
- Suite of Eight Dances (Gavotte, Menuet, Polka, Siciliana, Bolero, Seguidilla, Tango, Rumba)
- Prelude fatidique
- Traipsin´Thru Arkansaw
- Turkey Strut
- Variations sur un thème dans le Style Ancien
- Whirlwind

Arcad

Arcad	

Basisdaten	
Entwickler	ARCAD Systemhaus
Betriebssystem	Linux / Mac OS X
Kategorie	CAD-Programm
Lizenz	Kommerziell / Closed-Source - Teile als Open-Source
Deutschsprachig	ja
Website von ARCAD [1]	

Arcad ist ein CAAD-Programm für zweidimensionale und dreidimensionale Bauzeichnungen. Das Programm ist für Architekten, Bauingenieure und Stadtplaner ausgelegt. Dabei ist es dem Benutzer überlassen, ob er die Zeichnung traditionell 2D zeichnet oder in 3D modelliert und anschließend zum Bau benötigte 2D-Zeichnungen erstellen lässt.

Technik

Das Programm ist in ANSI C unter Zuhilfenahme des OpenMotif GUI-Toolkits geschrieben und soll daher sehr schnell und unabhängig von der verwendeten Distribution laufen.

Alle vom Systemhaus kommenden Programme verwenden dieselbe Datenbank, so dass die Programme sehr kollaborativ arbeiten sollen.

Geschichte

Nach eigenen Aussagen entwickelt das Unternehmen seit 1996 auf Linux und soll auf der Messe ACS in Wiesbaden das erste CAD-Programm und AVA-System für Linux vorgestellt haben. Danach folgte die Weiterentwicklung. 1998 kam eine Campus-Version und 2004 wurde Arcad 64-Bit-fähig.

Unternehmen

Das Unternehmen wurde 1983 gegründet. Neben Arcad bietet das Unternehmen weitere Linux-Anwendungen für den professionellen Bereich. Ein Auftragsbearbeitungs und Warenwirtschafts-System LXAuftrag, ein Finanzbuchhaltungs-System LXFibu, ein Lohn- und Gehaltsabrechnungssystem LXLohn, das AVA-System ARCHITEC für Architekten und eine E-Shop-Lösung.

Weblinks

- Website von ARCAD [1]

References

[1] http://www.arcad2.de/

Article Sources and Contributors

Arcachon *Source*: http://de.wikipedia.org/w/index.php?title=Arcachon *Contributors*: Aka, BJ Axel, BerndB, Brühl, Bärski, Chleo, Complex, Echtner, Fomafix, Fullhouse, Gugerell, He3nry, Jed, Karinnr1, Kroschka Ru, Lagota, Liubico, MacCambridge, Maggie Galway, Mojo 4, Peng, Peter200, Rainer Lippert, Ratinger, Re probst, Robert Schediwy, Rocastelo, Saibo, Sail over, Schaengel89, Skipper69, Stefan Kühn, Ttog, Vodimivado, Wolfgang H., 22 anonymous edits

Département_Gironde *Source*: http://de.wikipedia.org/w/index.php?title=D%C3%A9partement_Gironde *Contributors*: 1001, Aka, Ardo Beltz, Bernard Ladenthin, Br, Brutus1972, Bärski, ChristianBier, Don Magnifico, Drahreg01, Drassanes, Fomafix, Franjo, Fusslkopp, Hydro, Inhiber, Jeanfrance, Jpp, Les amis du chateau, Lirum Larum, Ludger1961, Mandre, Matthiasb, Mehlauge, Mnh, Musik-chris, Neumeiko, Oenie, PatDi, Pelagus, Pierre Audité, Pm, Quistnix, Rauenstein, Reinhardhauke, STBR, Schaengel89, Sea-empress, Skipper69, Stefan Kühn, TUBS, Tk, Ttog, Ulamm, Uwe Gille, Visi-on, Vodimivado, Zaungast, 31 anonymous edits

Aquitanien *Source*: http://de.wikipedia.org/w/index.php?title=Aquitanien *Contributors*: 1001, 4tilden, Ads, Agadez, Ahoerstemeier, Aka, All'Arrabiata, Arnomane, Asdert, Avatar, Baldhur, Bar Nerb, Barnack, Benowar, Bierdimpfl, Bordeaux, Br, Chrisfrenzel, Complex, Curvededge, DerHexer, Diba, Dicke Berta, Don Magnifico, Farino, Fomafix, Franjo, Fusslkopp, Gegen den Strom, Geos, Glglgl, Guido Arnold, Hardenacke, Hk kng, HorstA, Irmgard, Island, JCIV, JEW, Jeanfrance, Jed, Jonathan Groß, Jos van der Woude, JuTa, Kaisersoft, Katanga, Kku, Kuhlo, LKD, Laurentianus, Leider, Libro, Liubico, Lou.gruber, Maclemo, Manecke, Mark in the wiki, Martin-vogel, Martinwilke1980, Marzahn, Matthiasb, Matzematik, Media lib, Musik-chris, Numbo3, Oenie, PatDi, Peter200, Pierre Audité, Quistnix, Rauenstein, Regi51, Rolz-reus, Roxanna, Rudolf Pohl, Rufus46, STBR, Schaengel89, Small Axe, Solid State, Taamu, Taocp, TheWolf, Ttog, Tullius, Ulamm, Umweltschützen, Urbanquest, Varina, VerwaisterArtikel, Voyager, WIKIdesigner, Wiegels, 92 anonymous edits

Unterpräfektur *Source*: http://de.wikipedia.org/w/index.php?title=Unterpr%C3%A4fektur *Contributors*: 1001, Aka, Arbeo, Asakura Akira, C.Löser, Christian Günther, Finn-Pauls, Frank Schulenburg, LIU, Mps, SuperZebra, Zollernalb, Ĝù, 8 anonymous edits

Atlantischer_Ozean *Source*: http://de.wikipedia.org/w/index.php?title=Atlantischer_Ozean *Contributors*: 24-online, 4tilden, Aka, Akkakk, Alexchen, Athenaios, Augiasstallputzer, Bartelmess, Ben-Zin, Bender235, Benowar, Berlinschneid, Bierdimpfl, BishkekRocks, Blablapapa, Burts, Buxul, Captain Blood, Carport, CarstenK, Chaddy, Cholo Aleman, Chris a c, ChristianBier, ChristophDemmer, Conny, Conversion script, Crux, Cyrus the virus grissimo, Daniel FR, DerHexer, Dome14, Dr. Meierhofer, El, El., ElRaki, Elenao, Elian, Engie, Euku, Fragwürdig, Fridel, Fristu, Gerhardvalentin, Gilliamjf, Gravitophoton, Head, Howwi, Igelball, Itu, J budissin, JCIV, JKS, Jaques, Jivee Blau, Jobu0101, Joergsam, Joey-das-WBF, Johnny Controletti, JøMa, KGF, Kam Solusar, Karl-Henner, Kataniza, Keichwa, Kipala, Kurt Jansson, LKD, Leipnizkeks, Letdemsay, Lumu, MIBUKS, MacPac, Magipulus, Malteser.de, Marcus Cyron, Martin Aggel, Martin von Wittich, Martin-vogel, Matt1971, Matthäus Wander, Media lib, Michael32710, Mikano, Mikue, Mojitopt, Neg, Nephelin, Nerd, Nerdi, Nicor, Nocturne, Numbo3, Olaf Studt, Oliver S.Y., Omi´s Törtchen, Oxymoron83, PaterMcFly, Penon, Peter200, Pit, Pitichinaccio, PlatPays, Ratatosk, Raymond, Reykholt, Roland Kutzki, Romanm, RosarioVanTulpe, Sansculotte, Saperaud, Scherben, Schmechi, Scooter, Sepplstristerine, Silberchen, Sinn, Sintonak.X, Sinusitis, Sinuspi, Skriptor, Small Axe, Spuk968, Stefan Kühn, Syrcro, TOMM, Telim tor, Terfili, Thornard, Tim, TomK32, Triebtäter, Tsui, Tzzzpfff, Ulan, UlrichAAB, Uthlande, Uwaga budowa, Uwe Gille, Visi-on, WAH, Wing, Wst, Youandme, YourEyesOnly, Zaibatsu, Zenon, Zollernalb, Zumbo, pop-be-13-1-dialup-265.freesurf.ch, 120 anonymous edits

Bassin_d'Arcachon *Source*: http://de.wikipedia.org/w/index.php?title=Bassin_d%E2%80%99Arcachon *Contributors*: .Mag, BerndtF, Bärski, Complex, Entlinkt, Fomafix, Martinwilke1980, Matthiasb, Olaf Studt, Pelz, PsY.cHo, Saibo, Sarkana, Skipper69, Slimguy, Stephan Klage, TableSitter, Umweltschützen, Wikidune, 9 anonymous edits

Humbert_Balsan *Source*: http://de.wikipedia.org/w/index.php?title=Humbert_Balsan *Contributors*: Aka, Aschrage, Bernd Bergmann, César, Graphikus, Nameless23, Popie, Rosa Lux, Spargeldieb, Srbauer, Steinschweiger, Taube Nuss, Temistokles, 10 anonymous edits

Isaac_Péreire *Source*: http://de.wikipedia.org/w/index.php?title=Isaac_P%C3%A9reire *Contributors*: Aka, Pelz, Robert Schediwy, Sf67

Austernzucht *Source*: http://de.wikipedia.org/w/index.php?title=Austernzucht *Contributors*: Achim Raschka, Austernfishermens Friend, Baumfreund-FFM, Berni53, Blaufisch, Bodoklecksel, Braveheart, Brunosimonsara, Chatter, CommonsDelinker, Cottbus, Der.Traeumer, Diwas, Don Magnifico, Edmund Dorff, Erell, GMH, Gudrun Meyer, Gugerell, Herrick, Hhdw1, Hystrix, Jed, Jo Atmon, LKD, Leider, Los ostreidos, MFM, Matt314, Mike Krüger, Milvus, Nightflyer, Nikkis, Oliver S.Y., Onetwo, Parakletes, Peter200, PvS, Rdb, Regi51, Roll-Stone, Shairon, Silangu, Skipper69, SmartDoc, Stuffi, Tolukra, Tomdo08, Ttbya, UKGB, Wossen, Yotwen, 53 anonymous edits

Regionaler_Naturpark_Landes_de_Gascogne *Source*: http://de.wikipedia.org/w/index.php?title=Regionaler_Naturpark_Landes_de_Gascogne *Contributors*: .Mag, CommonsDelinker, Don Magnifico, Jergen, Skipper69, 1 anonymous edits

Bordeaux *Source*: http://de.wikipedia.org/w/index.php?title=Bordeaux *Contributors*: 132usw..., A.Savin, ADK, AF666, AHH, AHZ, Abendstrom, Addicted, Aka, Aloiswuest, Andre Engels, Andreas aus Hamburg in Berlin, Anton-Josef, Asdert, Ausgangskontrolle, Baki66, BerndtF, Bernhard Wallisch, Bildungsbürger, Bordeaux, Burdigala, Bärski, Bücherwürmlein, Carl B aus W, Caumasee, Chesk, Chigliak, ChristianBier, Cobija, Complex, Crux, Curtis Newton, D, Daidalus, Dein Freund der Baum, Delorian, Denkfabrikant, Density, Der ohne Benutzername, DerHexer, Diba, Dildohornismus-Account Nr. 43, Dionysos1988, Ditschi, Don Magnifico, Drache-vom-Grill, Drahreg01, Dundak, Désirée2, EdgarvonSchleck, Eisbaer44, El., ElRaki, Emkaer, EvaK, Fanergy, Fantom, Feathil, Felix Stember, Firefox13, Florian.Keßler, Foundert, Franjo, Frank Dietmar, Frank Jacobsen, Fredo 93, Fullhouse, Fusslkopp, G-Michel-Hürth, G. Vombäumer, Gardini, Gerbil, Gereon K., Gnu1742, Gorgo, Grindinger, Grosser Lord, Gugerell, H.schindler, HaSee, He3nry, Head, Hedwig in Washington, Hey Teacher, Hk kng, Hydro, Ireas, Ischtiraki, Ixitixel, Janneman, Jed, Jensibua, Joern M, JojuH, Joni2, Jpetersen, JuTa, KGF, Karinnr1, Kassander der Minoer, Klimatisiert, Krawi, Kurt Jansson, LKD, Laber, Lagopus, LeastCommonAncestor, Lennert B, Loopkin, Luidger, Löschfix, M.L, MAY, MacCambridge, Maieronfire, Manuel Aringarosa, Marc Tobias Wenzel, Martin-vogel, Matt1971, Matthiasb, Max-78, Mediocrity, Medocpeter, Mehlauge, Michael D. Schmid, Michael Kühntopf, Mikue, Mikythos, Miriel, Monty Burns, Musik-chris, Mussklprozz, Neu1, Nichtbesserwisser, Nicola, Nicolas G., Nina, Numbo3, Olei, Olivhill, Ot, Oxydo, Paddy, Parakletes, PatDi, Pbous, Pelz, Peter200, Pfanne, Philipp.b, Phrood, Pittimann, Polarlys, Proofreader, PsY.cHo, Punch, Quinbus Flestrin, Ratinger, Rauenstein, Raymond, Reblaus2004, Reblaus2005, Regi51, Reinhardhauke, Renekaemmerer, Rl, Rlbberlin, Robert Schediwy, RobertLechner, Rosenzweig, Rufus46, SPS, STBR, Sammler05, Sascha Brück, Schaengel, Schaengel89, SchirmerPower, Schreibvieh, Schubbay, Schumir, Scooter, Sea-empress, Sebastianreinecke, Seminal, Separator, Septembermorgen, Skipper69, Solid State, Spuk968, Stay cool, Stefan Kühn, Stern, Steschke, Suirenn, Symposiarch, T33N, TXiKi, Tafkas, Terabyte, ThKraft, Thorbjoern, Tobias1983, Toolittle, Tsui, Ttog, Tönjes, UAltmann, Ulrich.fuchs, Uuu, Uwe Gille, Voyager, WAH, Wiedemann, Wnme, Wst, Zollernalb, Zumbo, Zwerg Penis, מראהגייר ירעל, 205 anonymous edits

Carlos_Salzedo *Source*: http://de.wikipedia.org/w/index.php?title=Carlos_Salzedo *Contributors*: Bender235, Brisa, Collector1805, Crux, Dolos, Grimmi59 rade, Pitichinaccio, Ri st, Robodoc, Scooter, Stefan Kühn, Trainspotter, 3 anonymous edits

Arcad *Source*: http://de.wikipedia.org/w/index.php?title=Arcad *Contributors*: 32X, A.Savin, Aka, Florian Adler, Henryf, Hibodikus, Janneman, M.Marangio, Markus7503, MichaelSchoenitzer, Nolispanmo, Pilawa, Radschläger, Rayx, Trustable, WikipediaMaster, 8 anonymous edits

Image Sources, Licenses and Contributors

Datei:Blason ville fr Arcachon (Gironde).svg *Source*: http://de.wikipedia.org/w/index.php?title=Datei:Blason_ville_fr_Arcachon_(Gironde).svg *License*: unknown *Contributors*: User:Henrysalome

Datei:France location map-Regions.svg *Source*: http://de.wikipedia.org/w/index.php?title=Datei:France_location_map-Regions.svg *License*: unknown *Contributors*: User:Sting

Datei:FR-33-Arcachon09.JPG *Source*: http://de.wikipedia.org/w/index.php?title=Datei:FR-33-Arcachon09.JPG *License*: unknown *Contributors*: Szeder László

Datei:Arcachon SPOT 1036.jpg *Source*: http://de.wikipedia.org/w/index.php?title=Datei:Arcachon_SPOT_1036.jpg *License*: unknown *Contributors*: User:Spot Image

Datei:CasinoMauresque.jpg *Source*: http://de.wikipedia.org/w/index.php?title=Datei:CasinoMauresque.jpg *License*: unknown *Contributors*: User:Larrousiney

Datei:Arcachon_24.jpg *Source*: http://de.wikipedia.org/w/index.php?title=Datei:Arcachon_24.jpg *License*: unknown *Contributors*: User:Sail over

Datei:Arcachon_36.jpg *Source*: http://de.wikipedia.org/w/index.php?title=Datei:Arcachon_36.jpg *License*: unknown *Contributors*: User:Sail over

Datei:Arcachon_44.jpg *Source*: http://de.wikipedia.org/w/index.php?title=Datei:Arcachon_44.jpg *License*: unknown *Contributors*: User:Sail over

Datei:Arcachon_34.jpg *Source*: http://de.wikipedia.org/w/index.php?title=Datei:Arcachon_34.jpg *License*: unknown *Contributors*: User:Sail over

Datei:ArcachonPlage.JPG *Source*: http://de.wikipedia.org/w/index.php?title=Datei:ArcachonPlage.JPG *License*: unknown *Contributors*: User Mtu33260 on fr.wikipedia

Datei:Blason département fr Gironde.svg *Source*: http://de.wikipedia.org/w/index.php?title=Datei:Blason_département_fr_Gironde.svg *License*: unknown *Contributors*: User:Spedona

Datei:Département 33 in France.svg *Source*: http://de.wikipedia.org/w/index.php?title=Datei:Département_33_in_France.svg *License*: unknown *Contributors*: TUBS

Datei:Gironde.jpg *Source*: http://de.wikipedia.org/w/index.php?title=Datei:Gironde.jpg *License*: unknown *Contributors*: Follavoine, Jibi44, Olivier2

Datei:Gironde-Bordeaux.jpg *Source*: http://de.wikipedia.org/w/index.php?title=Datei:Gironde-Bordeaux.jpg *License*: unknown *Contributors*: ChristianBier, Ludger1961

Datei:Landes.jpg *Source*: http://de.wikipedia.org/w/index.php?title=Datei:Landes.jpg *License*: unknown *Contributors*: Elementerre

Datei:Aquitaine flag.svg *Source*: http://de.wikipedia.org/w/index.php?title=Datei:Aquitaine_flag.svg *License*: unknown *Contributors*: User:patricia.fidi

Datei:Blason de l'Aquitaine et de la Guyenne.svg *Source*: http://de.wikipedia.org/w/index.php?title=Datei:Blason_de_l'Aquitaine_et_de_la_Guyenne.svg *License*: unknown *Contributors*: User:Peter17

Datei:Aquitaine in France.svg *Source*: http://de.wikipedia.org/w/index.php?title=Datei:Aquitaine_in_France.svg *License*: unknown *Contributors*: TUBS

Datei:Map Gallia Tribes Towns.png *Source*: http://de.wikipedia.org/w/index.php?title=Datei:Map_Gallia_Tribes_Towns.png *License*: unknown *Contributors*: David Kernow, Dejvid, Dirk Hünniger, Feitscherg, Flamarande, HenkvD, It Is Me Here, JMK, Linguae, Longbow4u, Mattbuck, Peregrine981, Rory096, Teofilo, The RedBurn, Tryphon, ¡0-8-15!, 5 anonymous edits

Datei:Map France 1477-de.svg *Source*: http://de.wikipedia.org/w/index.php?title=Datei:Map_France_1477-de.svg *License*: unknown *Contributors*: User:Furfur, User:Zigeuner

Datei:Bevölkerungsentwicklung2Aquitaine.png *Source*: http://de.wikipedia.org/w/index.php?title=Datei:Bevölkerungsentwicklung2Aquitaine.png *License*: unknown *Contributors*: User:Ulamm

Bild:Verdun sous-prefecture 4juni2006 045.jpg *Source*: http://de.wikipedia.org/w/index.php?title=Datei:Verdun_sous-prefecture_4juni2006_045.jpg *License*: unknown *Contributors*: w:nl:Gebruiker:Michiel1972M.Minderhoud

Datei:Atlantik-Karte.png *Source*: http://de.wikipedia.org/w/index.php?title=Datei:Atlantik-Karte.png *License*: unknown *Contributors*: Original uploader was Tzzzpfff at de.wikipedia. Later version(s) were uploaded by Daniel FR at de.wikipedia.

Datei:Laurasia-Gondwana-de.svg *Source*: http://de.wikipedia.org/w/index.php?title=Datei:Laurasia-Gondwana-de.svg *License*: unknown *Contributors*: User:Lenny222, User:Lumu

Datei:OmegaNasaLiberiaNorwayDakotaglobe.png *Source*: http://de.wikipedia.org/w/index.php?title=Datei:OmegaNasaLiberiaNorwayDakotaglobe.png *License*: unknown *Contributors*: Politikaner, RosarioVanTulpe, 1 anonymous edits

Datei:SouthAtlantic.png *Source*: http://de.wikipedia.org/w/index.php?title=Datei:SouthAtlantic.png *License*: unknown *Contributors*: Politikaner, RosarioVanTulpe, 1 anonymous edits

Datei:Bassin arcachon fin aout.jpg *Source*: http://de.wikipedia.org/w/index.php?title=Datei:Bassin_arcachon_fin_aout.jpg *License*: unknown *Contributors*: Batiste PANNETIER, from Paris (France)

Datei:Freres pereire.jpg *Source*: http://de.wikipedia.org/w/index.php?title=Datei:Freres_pereire.jpg *License*: unknown *Contributors*: marcheprime

Datei:Oyster Fishing 1771 c.gif *Source*: http://de.wikipedia.org/w/index.php?title=Datei:Oyster_Fishing_1771_c.gif *License*: unknown *Contributors*: Gugerell, Salix, Teofilo

Datei:Oyster culture, Belon River, France.jpg *Source*: http://de.wikipedia.org/w/index.php?title=Datei:Oyster_culture,_Belon_River,_France.jpg *License*: unknown *Contributors*: Peter Gugerell

Datei:Roman Ostraria 02 .gif *Source*: http://de.wikipedia.org/w/index.php?title=Datei:Roman_Ostraria_02_.gif *License*: unknown *Contributors*: Jean Victor Coste

Datei:Oyster Culture 19.Century c.gif *Source*: http://de.wikipedia.org/w/index.php?title=Datei:Oyster_Culture_19.Century_c.gif *License*: unknown *Contributors*: Gugerell, Man vyi, Pristigaster, Salix

Datei:Oyster culture in the Rivière d'Etel, France .jpg *Source*: http://de.wikipedia.org/w/index.php?title=Datei:Oyster_culture_in_the_Rivière_d'Etel,_France_.jpg *License*: unknown *Contributors*: Peter Gugerell

Datei:Y.P. Europe 1950-2003 .gif *Source*: http://de.wikipedia.org/w/index.php?title=Datei:Y.P._Europe_1950-2003_.gif *License*: unknown *Contributors*: Peter Gugerell

Datei:Oyster culture in Belon, France 01.jpg *Source*: http://de.wikipedia.org/w/index.php?title=Datei:Oyster_culture_in_Belon,_France_01.jpg *License*: unknown *Contributors*: Peter Gugerell

Datei:Isla de deva.jpg *Source*: http://de.wikipedia.org/w/index.php?title=Datei:Isla_de_deva.jpg *License*: unknown *Contributors*: User:Af3

Datei:France Oyster Harvest bordercropped.jpg *Source*: http://de.wikipedia.org/w/index.php?title=Datei:France_Oyster_Harvest_bordercropped.jpg *License*: unknown *Contributors*: User:Gerpsych

Datei:Map FR-A-01.jpg *Source*: http://de.wikipedia.org/w/index.php?title=Datei:Map_FR-A-01.jpg *License*: unknown *Contributors*: Peter Gugerell

Datei:Map FR-A 02.jpg *Source*: http://de.wikipedia.org/w/index.php?title=Datei:Map_FR-A_02.jpg *License*: unknown *Contributors*: Peter Gugerell

Datei:Map FR-A 03.jpg *Source*: http://de.wikipedia.org/w/index.php?title=Datei:Map_FR-A_03.jpg *License*: unknown *Contributors*: Peter Gugerell

Datei:Map FR-A 04.jpg *Source*: http://de.wikipedia.org/w/index.php?title=Datei:Map_FR-A_04.jpg *License*: unknown *Contributors*: Peter Gugerell

Datei:Map FR-A 05.jpg *Source*: http://de.wikipedia.org/w/index.php?title=Datei:Map_FR-A_05.jpg *License*: unknown *Contributors*: Peter Gugerell

Datei:Map FR-A 06.jpg *Source*: http://de.wikipedia.org/w/index.php?title=Datei:Map_FR-A_06.jpg *License*: unknown *Contributors*: Peter Gugerell

Datei:Map FR-A 07.jpg *Source*: http://de.wikipedia.org/w/index.php?title=Datei:Map_FR-A_07.jpg *License*: unknown *Contributors*: Peter Gugerell

Datei:Map FR-A 08.jpg *Source*: http://de.wikipedia.org/w/index.php?title=Datei:Map_FR-A_08.jpg *License*: unknown *Contributors*: Peter Gugerell

Datei:Map BE-A 01.jpg *Source*: http://de.wikipedia.org/w/index.php?title=Datei:Map_BE-A_01.jpg *License*: unknown *Contributors*: Peter Gugerell

Datei:Map NL-A 01.jpg *Source*: http://de.wikipedia.org/w/index.php?title=Datei:Map_NL-A_01.jpg *License*: unknown *Contributors*: Peter Gugerell

Datei:Map GE-A 01.jpg *Source*: http://de.wikipedia.org/w/index.php?title=Datei:Map_GE-A_01.jpg *License*: unknown *Contributors*: Peter Gugerell

Datei:Map DK-A 01.jpg *Source*: http://de.wikipedia.org/w/index.php?title=Datei:Map_DK-A_01.jpg *License*: unknown *Contributors*: Peter Gugerell

Datei:Map GB-A 01.jpg *Source*: http://de.wikipedia.org/w/index.php?title=Datei:Map_GB-A_01.jpg *License*: unknown *Contributors*: Peter Gugerell

Datei:Map IR-A 01.jpg *Source*: http://de.wikipedia.org/w/index.php?title=Datei:Map_IR-A_01.jpg *License*: unknown *Contributors*: Peter Gugerell

Datei:GalwayCorrib gobeirne.jpg *Source*: http://de.wikipedia.org/w/index.php?title=Datei:GalwayCorrib_gobeirne.jpg *License*: unknown *Contributors*: User:gobeirne

Datei:Map JP-A 01.jpg *Source*: http://de.wikipedia.org/w/index.php?title=Datei:Map_JP-A_01.jpg *License*: unknown *Contributors*: Peter Gugerell

Datei:Karte sued-jeolla.png *Source*: http://de.wikipedia.org/w/index.php?title=Datei:Karte_sued-jeolla.png *License*: unknown *Contributors*: Denniss, Kokiri

Datei:Map CH-A 01.jpg *Source*: http://de.wikipedia.org/w/index.php?title=Datei:Map_CH-A_01.jpg *License*: unknown *Contributors*: Peter Gugerell

Datei:Y.P. China 1950-2003 .gif *Source*: http://de.wikipedia.org/w/index.php?title=Datei:Y.P._China_1950-2003_.gif *License*: unknown *Contributors*: Peter Gugerell

Datei:Map of Australia.png *Source*: http://de.wikipedia.org/w/index.php?title=Datei:Map_of_Australia.png *License*: unknown *Contributors*: User:Mark

Datei:Bucht in Neuseeland.jpg *Source*: http://de.wikipedia.org/w/index.php?title=Datei:Bucht_in_Neuseeland.jpg *License*: unknown *Contributors*: 2000, Alan Liefting, Ingolfson, Juiced lemon, Schwede66, Test-tools

Datei:Mexico-CIA WFB Map.png *Source*: http://de.wikipedia.org/w/index.php?title=Datei:Mexico-CIA_WFB_Map.png *License*: unknown *Contributors*: Hoshie, Jonathan Harker, Spangineer, Thelmadatter, Wolfman

Datei:Oyster culture in Belon, France 03.jpg *Source*: http://de.wikipedia.org/w/index.php?title=Datei:Oyster_culture_in_Belon,_France_03.jpg *License*: unknown *Contributors*: Peter Gugerell

Datei:Parc naturel régional des Landes de Gascogne.svg *Source*: http://de.wikipedia.org/w/index.php?title=Datei:Parc_naturel_régional_des_Landes_de_Gascogne.svg *License*: unknown *Contributors*: User:Sémhur

Datei:CartePNRLG.png *Source*: http://de.wikipedia.org/w/index.php?title=Datei:CartePNRLG.png *License*: unknown *Contributors*: User:Larrousiney

Datei:Blason ville fr Bordeaux.png *Source*: http://de.wikipedia.org/w/index.php?title=Datei:Blason_ville_fr_Bordeaux.png *License*: unknown *Contributors*: BrightRaven, Bvs-aca, Croquant, Darwinius, Ewan McTeagle, Jimmy44, Kilom691, Massimop, Pierre Audité, Pline, Syryatsu, VIGNERON, Ö

Datei:Gironde map routes villes.png *Source*: http://de.wikipedia.org/w/index.php?title=Datei:Gironde_map_routes_villes.png *License*: unknown *Contributors*: User:Sting

Datei:Bordeaux-quartiers.png *Source*: http://de.wikipedia.org/w/index.php?title=Datei:Bordeaux-quartiers.png *License*: unknown *Contributors*: Original uploader was Phrood at de.wikipedia

Datei:Bordeaux-plan-ville.png *Source*: http://de.wikipedia.org/w/index.php?title=Datei:Bordeaux-plan-ville.png *License*: unknown *Contributors*: Original uploader was Phrood at de.wikipedia

Datei:Bordeaux rue Vital Carles.JPG *Source*: http://de.wikipedia.org/w/index.php?title=Datei:Bordeaux_rue_Vital_Carles.JPG *License*: unknown *Contributors*: Original uploader was Bordeaux at de.wikipedia

Datei:Bordeaux Pave Chartrons.JPG *Source*: http://de.wikipedia.org/w/index.php?title=Datei:Bordeaux_Pave_Chartrons.JPG *License*: unknown *Contributors*: Original uploader was Bordeaux at de.wikipedia

Datei:Bordeaux Meriadeck.JPG *Source*: http://de.wikipedia.org/w/index.php?title=Datei:Bordeaux_Meriadeck.JPG *License*: unknown *Contributors*: Original uploader was Bordeaux at de.wikipedia

Datei:Bordeaux-agglomeration.png *Source*: http://de.wikipedia.org/w/index.php?title=Datei:Bordeaux-agglomeration.png *License*: unknown *Contributors*: Original uploader was Phrood at de.wikipedia

Datei:Stadtplan-Bordeaux-1840.jpg *Source*: http://de.wikipedia.org/w/index.php?title=Datei:Stadtplan-Bordeaux-1840.jpg *License*: unknown *Contributors*: Original uploader was Bordeaux at de.wikipedia

Datei:Bordeaux Quais 1850.jpg *Source*: http://de.wikipedia.org/w/index.php?title=Datei:Bordeaux_Quais_1850.jpg *License*: unknown *Contributors*: Bohème, Kilom691, Man vyi, Mtu33260, Olivier2, Olybrius, Pline, ŠJů

Datei:Bordeaux Maison Juive.JPG *Source*: http://de.wikipedia.org/w/index.php?title=Datei:Bordeaux_Maison_Juive.JPG *License*: unknown *Contributors*: Original uploader was Bordeaux at de.wikipedia

Datei:Montesquieu 1.png *Source*: http://de.wikipedia.org/w/index.php?title=Datei:Montesquieu_1.png *License*: unknown *Contributors*: AnRo0002, AndreasPraefcke, Beria, Bohème, Coyau, Ecummenic, Mutter Erde, Phrood, Zolo

Datei:Michel-eyquem-de-montaigne 1.jpg *Source*: http://de.wikipedia.org/w/index.php?title=Datei:Michel-eyquem-de-montaigne_1.jpg *License*: unknown *Contributors*: Bohème, Dbenbenn, Gabor, Guety, Gytha, Luestling, Mu, Sparkit, Taragui, Umherirrender, Wst, 1 anonymous edits

Datei:Flag of the United Kingdom.svg *Source*: http://de.wikipedia.org/w/index.php?title=Datei:Flag_of_the_United_Kingdom.svg *License*: unknown *Contributors*: User:Zscout370

Datei:Flag of Azerbaijan.svg *Source*: http://de.wikipedia.org/w/index.php?title=Datei:Flag_of_Azerbaijan.svg *License*: unknown *Contributors*: User:SKopp

Datei:Flag of Peru.svg *Source*: http://de.wikipedia.org/w/index.php?title=Datei:Flag_of_Peru.svg *License*: unknown *Contributors*: User:Dbenbenn

Datei:Flag of Canada.svg *Source*: http://de.wikipedia.org/w/index.php?title=Datei:Flag_of_Canada.svg *License*: unknown *Contributors*: User:E Pluribus Anthony, User:Mzajac

Datei:Flag of Germany.svg *Source*: http://de.wikipedia.org/w/index.php?title=Datei:Flag_of_Germany.svg *License*: unknown *Contributors*: User:Madden, User:Pumbaa80, User:SKopp

Datei:Flag of the United States.svg *Source*: http://de.wikipedia.org/w/index.php?title=Datei:Flag_of_the_United_States.svg *License*: unknown *Contributors*: User:Dbenbenn, User:Indolences, User:Jacobolus, User:Technion, User:Zscout370

Datei:Flag of Portugal.svg *Source*: http://de.wikipedia.org/w/index.php?title=Datei:Flag_of_Portugal.svg *License*: unknown *Contributors*: User:Nightstallion

Datei:Flag of Japan.svg *Source*: http://de.wikipedia.org/w/index.php?title=Datei:Flag_of_Japan.svg *License*: unknown *Contributors*: Various

Datei:Flag of Spain.svg *Source*: http://de.wikipedia.org/w/index.php?title=Datei:Flag_of_Spain.svg *License*: unknown *Contributors*: Pedro A. Gracia Fajardo, escudo de Manual de Imagen Institucional de la Administración General del Estado

Datei:Flag of Israel.svg *Source*: http://de.wikipedia.org/w/index.php?title=Datei:Flag_of_Israel.svg *License*: unknown *Contributors*: AnonMoos, Bastique, Bobika, Brown spite, Captain Zizi, Cerveaugenie, Drork, Etams, Fred J, Fry1989, Geagea, Himasaram, Homo lupus, Humus sapiens, Klemen Kocjancic, Kookaburra, Luispihormiguero, Madden, Neq00, NielsF, Nightstallion, Oren neu dag, Patstuart, PeeJay2K3, Pumbaa80, Ramiy, Reisio, Rodejong, SKopp, Sceptic, SomeDudeWithAUserName, Technion, Typhix, Valentinian, Yellow up, Zscout370, 31 anonymous edits

Datei:Flag of Morocco.svg *Source*: http://de.wikipedia.org/w/index.php?title=Datei:Flag_of_Morocco.svg *License*: unknown *Contributors*: User:Denelson83, User:Zscout370

Datei:Flag of the People's Republic of China.svg *Source*: http://de.wikipedia.org/w/index.php?title=Datei:Flag_of_the_People's_Republic_of_China.svg *License*: unknown *Contributors*: User:Denelson83, User:SKopp, User:Shizhao, User:Zscout370

Datei:Flag of Algeria.svg *Source*: http://de.wikipedia.org/w/index.php?title=Datei:Flag_of_Algeria.svg *License*: unknown *Contributors*: User:SKopp

Datei:Flag of Turkey.svg *Source*: http://de.wikipedia.org/w/index.php?title=Datei:Flag_of_Turkey.svg *License*: unknown *Contributors*: User:Dbenbenn

Datei:Bordeaux 3 Croissants.JPG *Source*: http://de.wikipedia.org/w/index.php?title=Datei:Bordeaux_3_Croissants.JPG *License*: unknown *Contributors*: Original uploader was Bordeaux at de.wikipedia

Datei:Bordeaux Cite Vin.JPG *Source*: http://de.wikipedia.org/w/index.php?title=Datei:Bordeaux_Cite_Vin.JPG *License*: unknown *Contributors*: Original uploader was Bordeaux at de.wikipedia

Datei:Bordeaux Allees Tourny.JPG *Source*: http://de.wikipedia.org/w/index.php?title=Datei:Bordeaux_Allees_Tourny.JPG *License*: unknown *Contributors*: Original uploader was Bordeaux at de.wikipedia

Datei:Postkarte Bordeaux Navale 1900.jpg *Source*: http://de.wikipedia.org/w/index.php?title=Datei:Postkarte_Bordeaux_Navale_1900.jpg *License*: unknown *Contributors*: Langladure, Mannekahn, Pline

Datei:Bordeaux - Cathédrale Saint-André.jpg *Source*: http://de.wikipedia.org/w/index.php?title=Datei:Bordeaux_-_Cathédrale_Saint-André.jpg *License*: unknown *Contributors*: Christophe.Finot

Datei:Bordeaux Saint Pierre.jpg *Source*: http://de.wikipedia.org/w/index.php?title=Datei:Bordeaux_Saint_Pierre.jpg *License*: unknown *Contributors*: Luidger

Datei:Bordeaux st-louis at night.JPG *Source*: http://de.wikipedia.org/w/index.php?title=Datei:Bordeaux_st-louis_at_night.JPG *License*: unknown *Contributors*: User:Joern M

Datei:SépultureCathelineau.JPG *Source*: http://de.wikipedia.org/w/index.php?title=Datei:SépultureCathelineau.JPG *License*: unknown *Contributors*: Gilbertus, Kirtap, Pline, Pymouss, Vassil, Wst

Datei:GrandTheatreBordeaux2.jpg *Source*: http://de.wikipedia.org/w/index.php?title=Datei:GrandTheatreBordeaux2.jpg *License*: unknown *Contributors*: Christophe.Finot, Cobber17, Guimis, Monster1000, Verdy p

Datei:Bordeaux Porte Cailhau.jpg *Source*: http://de.wikipedia.org/w/index.php?title=Datei:Bordeaux_Porte_Cailhau.jpg *License*: unknown *Contributors*: Fagairolles 34, Jibi44, Kilom691, Langladure, Luidger, Michel BUZE, Pline

Datei:Bordeaux place de la bourse with tram.JPG *Source*: http://de.wikipedia.org/w/index.php?title=Datei:Bordeaux_place_de_la_bourse_with_tram.JPG *License*: unknown *Contributors*: User:Nikopol

Datei:Bordeaux Pont de Pierre.jpg *Source*: http://de.wikipedia.org/w/index.php?title=Datei:Bordeaux_Pont_de_Pierre.jpg *License*: unknown *Contributors*: Olivier Aumage

Datei:Bouteilles Bordeaux.jpg *Source*: http://de.wikipedia.org/w/index.php?title=Datei:Bouteilles_Bordeaux.jpg *License*: unknown *Contributors*: Berndt Fernow

Datei:Caneles Baillardan.JPG *Source*: http://de.wikipedia.org/w/index.php?title=Datei:Caneles_Baillardan.JPG *License*: unknown *Contributors*: Original uploader was Bordeaux at de.wikipedia

Datei:Postcard bordeaux pontstjean 1900.jpg *Source*: http://de.wikipedia.org/w/index.php?title=Datei:Postcard_bordeaux_pontstjean_1900.jpg *License*: unknown *Contributors*: Original uploader was Bordeaux at de.wikipedia

Datei:Bordeaux Garonne.jpg *Source*: http://de.wikipedia.org/w/index.php?title=Datei:Bordeaux_Garonne.jpg *License*: unknown *Contributors*: Olivier Aumage

Datei:Bordeaux Tram.jpg *Source*: http://de.wikipedia.org/w/index.php?title=Datei:Bordeaux_Tram.jpg *License*: unknown *Contributors*: Croquant, Grenavitar, Kneiphof, LennartBolks, Luidger

Datei:Arcad_Screenshot1.png *Source*: http://de.wikipedia.org/w/index.php?title=Datei:Arcad_Screenshot1.png *License*: unknown *Contributors*: Henryf85, Kyro, MPF, Nachcommonsverschieber, WikipediaMaster

NU Free Documentation License Version 1.2, ovember 2002 Copyright (C) 2000,2001,2002 ree Software Foundation, Inc. 59 Temple lace, Suite 330, Boston, MA 02111-1307 USA veryone is permitted to copy and distribute erbatim copies of this license document, but hanging it is not allowed.

. PREAMBLE

he purpose of this License is to make a manual, textbook, or ther functional and useful document "free" in the sense of eedom: to assure everyone the effective freedom to copy and edistribute it, with or without modifying it, either commercially or oncommercially. Secondarily, this License preserves for the uthor and publisher a way to get credit for their work, while not eing considered responsible for modifications made by others. his License is a kind of "copyleft", which means that derivative orks of the document must themselves be free in the same ense. It complements the GNU General Public License, which is copyleft license designed for free software. We have designed is License in order to use it for manuals for free software, ecause free software needs free documentation: a free program hould come with manuals providing the same freedoms that the oftware does. But this License is not limited to software manuals; can be used for any textual work, regardless of subject matter r whether it is published as a printed book. We recommend this icense principally for works whose purpose is instruction or eference.

. APPLICABILITY AND DEFINITIONS

This License applies to any manual or other work, in any edium, that contains a notice placed by the copyright holder aying it can be distributed under the terms of this License. Such notice grants a world-wide, royalty-free license, unlimited in uration, to use that work under the conditions stated herein. The Document", below, refers to any such manual or work. Any ember of the public is a licensee, and is addressed as "you". ou accept the license if you copy, modify or distribute the work a way requiring permission under copyright law. A "Modified ersion" of the Document means any work containing the Document or a portion of it, either copied verbatim, or with modifications and/or translated into another language. A Secondary Section" is a named appendix or a front-matter ection of the Document that deals exclusively with the elationship of the publishers or authors of the Document to the Document's overall subject (or to related matters) and contains othing that could fall directly within that overall subject. (Thus, if he Document is in part a textbook of mathematics, a Secondary section may not explain any mathematics.) The relationship could e a matter of historical connection with the subject or with elated matters, or of legal, commercial, philosophical, ethical or olitical position regarding them. The "Invariant Sections" are ertain Secondary Sections whose titles are designated, as being hose of Invariant Sections, in the notice that says that the Document is released under this License. If a section does not fit he above definition of Secondary then it is not allowed to be designated as Invariant. The Document may contain zero nvariant Sections. If the Document does not identify any Invariant Sections then there are none. The "Cover Texts" are certain short assages of text that are listed, as Front-Cover Texts or Back-Cover Texts, in the notice that says that the Document is eleased under this License. A Front-Cover Text may be at most 5 words, and a Back-Cover Text may be at most 25 words. A "Transparent" copy of the Document means a machine-readable copy, represented in a format whose specification is available to the general public, that is suitable for revising the document straightforwardly with generic text editors or (for images composed of pixels) generic paint programs or (for drawings) some widely available drawing editor, and that is suitable for input to text formatters or for automatic translation to a variety of formats suitable for input to text formatters. A copy made in an otherwise Transparent file format whose markup, or absence of markup, has been arranged to thwart or discourage subsequent modification by readers is not Transparent. An image format is not Transparent if used for any substantial amount of text. A copy that is not "Transparent" is called "Opaque". Examples of suitable formats for Transparent copies include plain ASCII without markup, Texinfo input format, LaTeX input format, SGML or XML using a publicly available DTD, and standard-conforming simple HTML, PostScript or PDF designed for human modification. Examples of transparent image formats include PNG, XCF and JPG. Opaque formats include proprietary formats that can be read and edited only by proprietary word processors, SGML or XML for which the DTD and/or processing tools are not generally available, and the machine-generated HTML, PostScript or PDF produced by some word processors for output purposes only. The "Title Page" means, for a printed book, the title page itself, plus such following pages as are needed to hold, legibly, the material this License requires to appear in the title page. For works in formats which do not have any title page as such, "Title Page" means the text near the most prominent appearance of the work's title, preceding the beginning of the body of the text. A section "Entitled XYZ" means a named subunit of the Document whose title either is precisely XYZ or contains XYZ in parentheses following text that translates XYZ in another language. (Here XYZ stands for a specific section name mentioned below, such as "Acknowledgements", "Dedications", "Endorsements", or "History".) To "Preserve the Title" of such a section when you modify the Document means that it remains a section "Entitled XYZ" according to this definition. The Document may include Warranty Disclaimers next to the notice which states that this License applies to the Document. These Warranty Disclaimers are considered to be included by reference in this License, but only as regards disclaiming warranties: any other implication that these Warranty Disclaimers may have is void and has no effect on the meaning of this License.

2. VERBATIM COPYING

You may copy and distribute the Document in any medium, either commercially or noncommercially, provided that this License, the copyright notices, and the license notice saying this License applies to the Document are reproduced in all copies, and that you add no other conditions whatsoever to those of this License. You may not use technical measures to obstruct or control the reading or further copying of the copies you make or distribute. However, you may accept compensation in exchange for copies. If you distribute a large enough number of copies you must also follow the conditions in section 3. You may also lend copies, under the same conditions stated above, and you may publicly display copies.

3. COPYING IN QUANTITY

If you publish printed copies (or copies in media that commonly have printed covers) of the Document, numbering more than 100, and the Document's license notice requires Cover Texts, you must enclose the copies in covers that carry, clearly and legibly, all these Cover Texts: Front-Cover Texts on the front cover, and Back-Cover Texts on the back cover. Both covers must also clearly and legibly identify you as the publisher of these copies. The front cover must present the full title with all words of the title equally prominent and visible. You may add other material on the covers in addition. Copying with changes limited to the covers, as long as they preserve the title of the Document and satisfy these conditions, can be treated as verbatim copying in other respects. If the required texts for either cover are too voluminous to fit legibly, you should put the first ones listed (as many as fit reasonably) on the actual cover, and continue the rest onto adjacent pages. If you publish or distribute Opaque copies of the Document numbering more than 100, you must either include a machine-readable Transparent copy along with each Opaque copy, or state in or with each Opaque copy a computer-network location from which the general network-using public has access to download using public-standard network protocols a complete Transparent copy of the Document, free of added material. If you use the latter option, you must take reasonably prudent steps, when you begin distribution of Opaque copies in quantity, to ensure that this Transparent copy will remain thus accessible at the stated location until at least one year after the last time you distribute an Opaque copy (directly or through your agents or retailers) of that edition to the public. It is requested, but not required, that you contact the authors of the Document well before redistributing any large number of copies, to give them a chance to provide you with an updated version of the Document.

4. MODIFICATIONS

You may copy and distribute a Modified Version of the Document under the conditions of sections 2 and 3 above, provided that you release the Modified Version under precisely this License, with the Modified Version filling the role of the Document, thus licensing distribution and modification of the Modified Version to whoever possesses a copy of it. In addition, you must do these things in the Modified Version: A. Use in the Title Page (and on the covers, if any) a title distinct from that of the Document, and from those of previous versions (which should, if there were any, be listed in the History section of the Document). You may use the same title as a previous version if the original publisher of that version gives permission. B. List on the Title Page, as authors, one or more persons or entities responsible for authorship of the modifications in the Modified Version, together with at least five of the principal authors of the Document (all of its principal authors, if it has fewer than five), unless they release you from this requirement. C. State on the Title page the name of the publisher of the Modified Version, as the publisher. D. Preserve all the copyright notices of the Document. E. Add an appropriate copyright notice for your modifications adjacent to the other copyright notices. F. Include, immediately after the copyright notices, a license notice giving the public permission to use the Modified Version under the terms of this License, in the form shown in the Addendum below. G. Preserve in that license notice the full lists of Invariant Sections and required Cover Texts given in the Document's license notice. H. Include an unaltered copy of this License. I. Preserve the section Entitled "History", Preserve its Title, and add to it an item stating at least the title, year, new authors, and publisher of the Modified Version as given on the Title Page. If there is no section Entitled "History" in the Document, create one stating the title, year, authors, and publisher of the Document as given on its Title Page, then add an item describing the Modified Version as stated in the previous sentence. J. Preserve the network location, if any, given in the Document for public access to a Transparent copy of the Document, and likewise the network locations given in the Document for previous versions it was based on. These may be placed in the "History" section. You may omit a network location for a work that was published at least four years before the Document itself, or if the original publisher of the version it refers to gives permission. K. For any section Entitled "Acknowledgements" or "Dedications", Preserve the Title of the section, and preserve in the section all the substance and tone of each of the contributor acknowledgements and/or dedications given therein. L. Preserve all the Invariant Sections of the Document, unaltered in their text and in their titles. Section numbers or the equivalent are not considered part of the section titles. M. Delete any section Entitled "Endorsements". Such a section may not be included in the Modified Version. N. Do not retitle any existing section to be Entitled "Endorsements" or to conflict in title with any Invariant Section. O. Preserve any Warranty Disclaimers. If the Modified Version includes new front-matter sections or appendices that qualify as Secondary Sections and contain no material copied from the Document, you may at your option designate some or all of these sections as invariant. To do this, add their titles to the list of Invariant Sections in the Modified Version's license notice. These titles must be distinct from any other section titles. You may add a section Entitled "Endorsements", provided it contains nothing but endorsements of your Modified Version by various parties--for example, statements of peer review or that the text has been approved by an organization as the authoritative definition of a standard. You may add a passage of up to five words as a Front-Cover Text, and a passage of up to 25 words as a Back-Cover Text, to the end of the list of Cover Texts in the Modified Version. Only one passage of Front-Cover Text and one of Back-Cover Text may be added by (or through arrangements made by) any one entity. If the Document already includes a cover text for the same cover, previously added by you or by arrangement made by the same entity you are acting on behalf of, you may not add another; but you may replace the old one, on explicit permission from the previous publisher that added the old one. The author(s) and publisher(s) of the Document do not by this License give permission to use their names for publicity for or to assert or imply endorsement of any Modified Version.

5. COMBINING DOCUMENTS

You may combine the Document with other documents released under this License, under the terms defined in section 4 above for modified versions, provided that you include in the combination all of the Invariant Sections of all of the original documents, unmodified, and list them all as Invariant Sections of your combined work in its license notice, and that you preserve all their Warranty Disclaimers. The combined work need only contain one copy of this License, and multiple identical Invariant Sections may be replaced with a single copy. If there are multiple Invariant Sections with the same name but different contents, make the title of each such section unique by adding at the end of it, in parentheses, the name of the original author or publisher of that section if known, or else a unique number. Make the same adjustment to the section titles in the list of Invariant Sections in the license notice of the combined work. In the combination, you must combine any sections Entitled "History" in the various original documents, forming one section Entitled "History"; likewise combine any sections Entitled "Acknowledgements", and any sections Entitled "Dedications". You must delete all sections Entitled "Endorsements".

6. COLLECTIONS OF DOCUMENTS

You may make a collection consisting of the Document and other documents released under this License, and replace the individual copies of this License in the various documents with a single copy that is included in the collection, provided that you follow the rules of this License for verbatim copying of each of the documents in all other respects. You may extract a single document from such a collection, and distribute it individually under this License, provided you insert a copy of this License into the extracted document, and follow this License in all other respects regarding verbatim copying of that document.

7. AGGREGATION WITH INDEPENDENT WORKS

A compilation of the Document or its derivatives with other separate and independent documents or works, in or on a volume of a storage or distribution medium, is called an "aggregate" if the copyright resulting from the compilation is not used to limit the legal rights of the compilation's users beyond what the individual works permit. When the Document is included in an aggregate, this License does not apply to the other works in the aggregate which are not themselves derivative works of the Document. If the Cover Text requirement of section 3 is applicable to these copies of the Document, then if the Document is less than one half of the entire aggregate, the Document's Cover Texts may be placed on covers that bracket the Document within the aggregate, or the electronic equivalent of covers if the Document is in electronic form. Otherwise they must appear on printed covers that bracket the whole aggregate.

8. TRANSLATION

Translation is considered a kind of modification, so you may distribute translations of the Document under the terms of section 4. Replacing Invariant Sections with translations requires special permission from their copyright holders, but you may include translations of some or all Invariant Sections in addition to the original versions of these Invariant Sections. You may include a translation of this License, and all the license notices in the Document, and any Warranty Disclaimers, provided that you also include the original English version of this License and the original versions of those notices and disclaimers. In case of a disagreement between the translation and the original version of this License or a notice or disclaimer, the original version will prevail. If a section in the Document is Entitled "Acknowledgements", "Dedications", or "History", the requirement (section 4) to Preserve its Title (section 1) will typically require changing the actual title.

9. TERMINATION

You may not copy, modify, sublicense, or distribute the Document except as expressly provided for under this License. Any other attempt to copy, modify, sublicense or distribute the Document is void, and will automatically terminate your rights under this License. However, parties who have received copies, or rights, from you under this License will not have their licenses terminated so long as such parties remain in full compliance.

10. FUTURE REVISIONS OF THIS LICENSE

The Free Software Foundation may publish new, revised versions of the GNU Free Documentation License from time to time. Such new versions will be similar in spirit to the present version, but may differ in detail to address new problems or concerns. See http://www.gnu.org/copyleft/. Each version of the License is given a distinguishing version number. If the Document specifies that a particular numbered version of this License "or any later version" applies to it, you have the option of following the terms and conditions either of that specified version or of any later version that has been published (not as a draft) by the Free Software Foundation. If the Document does not specify a version number of this License, you may choose any version ever published (not as a draft) by the Free Software Foundation. ADDENDUM: How to use this License for your documents To use this License in a document you have written, include a copy of the License in the document and put the following copyright and license notices just after the title page: Copyright (c) YEAR YOUR NAME. Permission is granted to copy, distribute and/or modify this document under the terms of the GNU Free Documentation License, Version 1.2 or any later version published by the Free Software Foundation; with no Invariant Sections, no Front-Cover Texts, and no Back-Cover Texts. A copy of the license is included in the section entitled "GNU Free Documentation License". If you have Invariant Sections, Front-Cover Texts and Back-Cover Texts, replace the "with...Texts." line with this: with the Invariant Sections being LIST THEIR TITLES, with the Front-Cover Texts being LIST, and with the Back-Cover Texts being LIST. If you have Invariant Sections without Cover Texts, or some other combination of the three, merge those two alternatives to suit the situation. If your document contains nontrivial examples of program code, we recommend releasing these examples in parallel under your choice of free software license, such as the GNU General Public License, to permit their use in free software.

Printed by Books on Demand GmbH, Norderstedt / Germany